Wolfgang Allgäuer **Endlich läuft der Laden**

Gewidmet allen Mutigen, die Lust auf ein Leben
voller Begeisterung haben.

Wolfgang Allgäuer

Endlich läuft der Laden

Mit Begeisterung zum Erfolg

orell füssli Verlag

2. Auflage 2014

Gestaltung von Umschlag und Layout: Günter Kassegger,
www.kasseggerundpartner.at
Satz und Umbruch: Orell Füssli Verlag AG
Druck: fgb • freiburger graphische betriebe, Freiburg

SBN 978-3-280-05561-8

Bibliografische Information der Deutschen Nationalbibliothek: Die Deutsche Nationalbibliothek verzeichnet diese Publikation in der Deutschen Nationalbibliografie; detaillierte bibliografische Daten sind im Internet über http://dnb.d-nb.de abrufbar.

MIX
Papier aus verantwortungsvollen Quellen
FSC
www.fsc.org
FSC® C106847

Inhaltsverzeichnis

Teil IV

Das Feuer

Anhang

Einleitung

Wie ich das Feuer der Begeisterung entdeckte

Ich stamme aus einem Dorf in Vorarlberg, im äußersten Westen Österreichs, an der Grenze zur Schweiz und zu Deutschland. Bereits als Jugendlicher machte ich dort eine Beobachtung: Einige Dorfbewohner waren wesentlich erfolgreicher als der Durchschnitt – obwohl sie von außen betrachtet vielleicht sogar dasselbe machten wie andere: Es gab Bauern, Handwerker, Händler oder Gastwirte, bei denen es überragend lief, während andere so gerade über die Runden kamen. Mich machte das neugierig, und ich fragte mich: Woran mag das wohl liegen? Als ich dann nach meiner Ausbildung zum Schreiner in den Verkauf wechselte, bot sich mir wieder ein ähnliches Bild: Einige wenige Verkäufer machten achzig Prozent des Umsatzes, während der große andere Teil den Rest der Aufträge unter sich verteilte.

Warum sind einige Menschen erfolgreicher als der Durchschnitt?

Nachdem ich mich schließlich selbstständig gemacht hatte und Inhaber eines Küchenstudios war, beobachtete ich bei anderen Unternehmern nochmals das Gleiche: Einige waren eindeutig erfolgreicher als der Rest. Dieselbe Branche in derselben Region, vergleichbare Produkte, ähnliche Dienstleistungen – und trotzdem viel mehr Erfolg. Was war das Geheimnis dieser Unternehmer? An den Genen konnte es nicht liegen. Auch nicht an höherer Intelligenz. Ebenfalls ausschließen konnte ich Glück und Zufall. Die Erfolgreichsten hatten nicht einmal bessere Startvoraussetzungen durch ihr Elternhaus gehabt. Im Gegenteil, einige stammten aus eher schwierigen Verhältnissen.

Begeisterung macht den Unterschied zwischen Erfolg und großem Erfolg

Irgendwann machte ich eine faszinierende Entdeckung: Die außergewöhnlich Erfolgreichen waren stets Menschen mit großer, enthusiastischer Begeisterung. Ich sah ein Leuchten in ihren Augen. Mir fiel auf, wie sehr ihr Leben von Klarheit und Konsequenz geprägt war. Innere Kraft, Lebendigkeit und Freude waren eindeutig ein Grund dafür, warum ihr Laden lief. Mittlerweile habe ich Hunderte Bücher über Erfolgsprinzipien gelesen und Dutzende Seminare besucht. Immer wieder hat sich meine Beobachtung bestätigt: Außergewöhnliche Erfolge, exzellente Ergebnisse, wahre Spitzenleistungen kommen nie ohne Begeisterung zustande. Das Feuer der Begeisterung ist ein ganz besonderer Antrieb. Die Begeisterung macht den Unterschied zwischen erfolgreichen Menschen und sehr erfolgreichen Menschen, zwischen erfolgreichen Unternehmern und sehr erfolgreichen Unternehmern.

Na gut, sagen Sie jetzt vielleicht. Dieses Buch propagiert also Erfolg durch Begeisterung. Und wie bitte soll diese Begeisterung zustande kommen? Eines verrate ich Ihnen gleich: Durch Laufen auf heißen Kohlen oder durch gemeinsames Hüpfen und Klatschen in einer Kongresshalle entsteht keine Begeisterung. Begeisterung kommt von innen. Von tief innen. Leider blicken zu wenige Menschen wirklich in sich hinein. Sie hören nicht auf ihre innere Stimme, sondern sie suchen außerhalb nach Motivation.

Schauen Sie Ihre wahren, inneren Bedürfnisse an

Lauter äußere Dinge sollen Menschen heute motivieren: größerer Geschäftswagen, Traumreise, Leben in einem anderen Land, bessere Branche, einmalige Produkte, nettere Mitarbeiter, billigere Einkaufspreise, mehr Geld, ein anderer Partner und so weiter. All dies kann aber nur kurzfristig befriedigen. Unsere wahren, echten, innersten Bedürfnisse werden nicht gestillt. Unser Laden läuft nicht. Alles bleibt zäh und schleppt sich dahin. Es gibt viele Konflikte und dauernd Ärger.

Es ist für jeden möglich, das Feuer der Begeisterung zu entzünden. Die Feuerstelle und das Brennmaterial sind längst da. Alles, was fehlt, ist ein Zündfunke an der richtigen Stelle. Der Weg zur Begeisterung führt nach innen! Viele suchen überall, nur dort nicht.

In diesem Buch geht es um persönlichen Erfolg und um Unternehmenserfolg. Ich trenne beides nicht. Entscheidend für ein sehr erfolgreiches Unternehmen ist immer die Persönlichkeit des Unternehmers. Bei den kleinen und mittelständigen Unternehmen (KMU) ist das fast ausschließlich so. Natürlich sind Dinge wie Businessplan, Marketing, Strategie, Mitarbeiterführung und Management wichtig. Aber entscheidend ist die Persönlichkeit des Unternehmers.

Übrigens: Unternehmer sind für mich auch Selbstständige, Freiberufler und diejenigen, die innerhalb einer Organisation ihren eigenen Bereich selbstständig leiten. An sie alle richte ich mich in diesem Buch. Denn hier überall kommt es entscheidend darauf an, was im einzelnen Menschen innerlich vorgeht. Haben Sie den Mut, nach innen zu schauen?

Wie dieses Buch funktioniert

Sie halten kein reines Lesebuch in Händen, sondern in erster Linie ein Übungsbuch. Ich möchte Sie ermutigen, dieses Buch nicht nur zu lesen, sondern vor allem sämtliche Übungen darin zu machen. Dann wird dieses Buch eine große Wirkung in Ihrem Leben entfalten. Mit den Übungen kommen Sie weiter! Schauen Sie sich auch immer wieder das an, was Sie erarbeitet und notiert haben. Unterstreichen Sie die für Sie wichtigen Stellen. Ich behaupte nicht, mit diesem Buch das Rad neu erfunden zu haben. Mir geht es darum, Ihnen zeitlose, mehrfach erprobte Prinzipien an die Hand zu geben. Sie sollen Ihnen helfen, Ihr ganzes Potenzial zu entdecken, Ihre ersehnten Ziele zu erreichen und vor allem Ihre Lebensaufgabe, Ihre Mission und Vision, zu verwirklichen.

Erst die Übungen bringen Sie weiter.

Jedes Kapitel beginnt mit einer Geschichte, die sich durch das ganze Buch fortsetzt. Sie lernen den Unternehmer Simon Thaler und seinen Coach Manfred Brenner kennen. Diese kleine Geschichte habe ich mir ausgedacht, um noch ein wenig anschaulicher zu machen, wie die Themen der einzelnen Kapitel im Alltag verwurzelt sind. Die Geschichte soll Sie jeweils ein wenig auf das Thema des einzelnen Kapitels einstimmen.

Insgesamt besteht das Buch aus vier Teilen:

Teil I: Die Feuerstelle

Hier schaffen wir Platz für Ihre Begeisterung. Mit einigen falschen Annahmen über Motivation und Selbstmotivation möchte ich gerne aufräumen. So entsteht Raum für neue Gedanken.

Teil II: Das Brennmaterial

Jetzt geht es um Ihre Ressourcen. Sie entdecken fünf Ressourcen, fünf »Holzscheite« als Grundlage für Ihre Ziele, Ihre Mission und Ihre Vision. Hier geht es los mit intensiven Übungen. Dazu können Sie auch kostenlos Übungsblätter von meiner Website herunterladen.

Teil III: Der Zündfunke

Ihre Ziele, Ihre Mission und Ihre Vision sind wie ein Zündfunke, der das Feuer Ihrer Begeisterung entfacht. Welche großen Ziele wollen und können Sie erreichen? Wofür möchten Sie Ihre Lebenszeit sinnvoll einsetzen? Was ist Ihr Bild von einer positiven Zukunft? Sobald das klar ist, beginnt das Feuer zu brennen.

Teil IV: Das Feuer

Im letzten Teil des Buchs geht es darum, das Feuer der inneren Begeisterung zu pflegen und dauerhaft zu erhalten. Beschäftigen Sie sich mit der Kraft Ihres Unterbewusstseins. Handeln Sie im Business überlegt. Und gehen Sie vor allem »Feuerlöschern« aus dem Weg, die Ihren Erfolg sabotieren.

Bevor ich Trainer, Redner und Buchautor wurde, war ich über viele Jahre Unternehmer. Ich liebe das Unternehmertum, da bin ich daheim. Mein Herz schlägt für alle Unternehmerinnen und Unternehmer, Gründerinnen und Gründer, Freiberufler und Selbstständigen. Für sie, für Euch, liebe Leserinnen und Leser, habe ich dieses Buch geschrieben. Ich kenne selbst die Freiheit und die Lust, ein Unternehmer zu sein. Aber auch die Sorgen und Nöte, die Existenzängste und all die Abgründe der Unternehmerseele sind mir seit mehr als 35 Jahren vertraut.

Als Praktiker, als »Lebenshandwerker« ist mein größter Wunsch, dass Sie von diesem Buch längerfristig profitieren. Es geht um Ihre echte Begeisterung. Denn Begeisterung macht erfolgreich. Also bitte: Fangen Sie einfach mal an! Erzwingen Sie nichts, aber bleiben Sie dran. Gehen Sie in der nächsten Zeit gut mit sich selbst um. Und achten Sie auf Signale. Erhöhte Lebendigkeit und frische Energie sind das beste Zeichen, dass Sie auf dem richtigen Weg sind.

Ein Leben voller Begeisterung und einen »Laden, der läuft« wünscht Ihnen
Ihr Wolfgang Allgäuer

www.wolfgangallgaeuer.com

Teil I:

Die Feuerstelle

Wie gelingt es bestimmten Menschen, ein außergewöhnlich erfolgreiches Leben voller Begeisterung zu leben? Warum versuchen andere ständig, sich selbst zu motivieren, und finden trotzdem keine Erfüllung? Weshalb führen Begeisterte mit ähnlichen Voraussetzungen wie alle anderen ein um Welten glücklicheres Leben?

Der eine Unternehmer oder Selbstständige würde sich jederzeit aus Überzeugung wieder selbstständig machen. Für den anderen ist seine Selbstständigkeit ein Job wie jeder andere. Der eine freut sich auf den Montagmorgen. Der andere freut sich auf den Urlaub. Warum ist das so?

Im ersten Teil dieses Buchs geht es um Antworten auf solche Fragen. Sie erfahren, warum jeder Mensch das Feuer der Begeisterung in seinem Leben entzünden kann. Und weshalb es gerade für Unternehmer und Selbstständige so wichtig ist, den wirkungsvollsten Punkt zu finden.

Ohne Begeisterung, welche die Seele mit einer gesunden Wärme erfüllt, wird nie etwas Großes zustandegebracht. *Adolph von Knigge*

Warum Selbstmotivation ein Strohfeuer ist

Südlich vom Bodensee, im Dreiländereck zwischen Österreich, der Schweiz und Deutschland, besitzt Simon Thaler seit neun Jahren eine kleine Firma. An einem gewittrigen Spätsommerabend kommt der 42-Jährige im durchschwitzten Hemd nach Hause. Seine Frau Beate erwartet ihn in der Küche.

»Das war's, ich höre auf, ich habe keine Lust mehr«, verkündet Simon, ohne seine Frau begrüßt zu haben.

»Wie bitte?«, fragt Beate erstaunt.

Bei Mayerhuber sind wir raus. Das schreiben die einfach so, nach sieben Jahren. Mit einem Dreizeiler. Die Drecksäcke! Du weißt, dass wir von diesem Großkunden praktisch abhängig sind.«

»Du findest neue Kunden«, ermutigt Beate ihren Mann.

»Bis dahin sind meine besten Leute weg. Als ich allen gesagt habe, warum wir uns jetzt eine Zeit lang einschränken müssen, war die Stimmung sofort im Keller.«

»Also, ich verstehe das nicht«, hakt Beate verwundert nach. »Vor zwei Wochen bist du begeistert von dem Motivationsseminar zurückgekommen. Jetzt willst du aufgeben. Wie kann das sein?«

Verwöhnt war er, der Unternehmer Simon Thaler, zu Beginn der kleinen Geschichte, die uns durch dieses Buch begleiten wird. Er hatte einen lukrativen Großkunden, der seine Firma zum Selbstläufer machte. Seine Leute schienen hoch motiviert. Doch in dem Moment, da der Großkunde weg ist und eine Durststrecke bevorsteht, ist die ganze Motivation wie weggeblasen. Schlagartig breitet sich miese Stimmung aus.

So etwas kenne ich! Als Unternehmer habe ich selbst eine ganz ähnliche Situation erlebt. Damals gehörte mir in Vorarlberg das Küchenstudio »Allgäuer Küchen«, die Keimzelle der heutigen Franchisekette »olina Küchen«. Immer hatte ich in meinem Küchenstudio den größten Wert auf ein gutes Betriebsklima gelegt. Tatsächlich war die Stimmung lange Zeit glänzend. Unsere Verkäufer schienen bis in die Haarspitzen motiviert und mit Spaß bei der Sache zu sein.

Wenn Motivierung plötzlich versagt …

Durch die Fehleinschätzung eines Unternehmensberaters, auf den ich gegen mein Bauchgefühl gehört hatte, verlor ich dann viel Geld. Wir gerieten in eine Krise, und es wurde klar, dass wir nicht ein paar Monate, sondern ein paar Jahre brauchen würden, um uns davon vollständig zu erholen. Da änderte sich die Situation schlagartig: Das Betriebsklima war völlig am Boden. Von nötigen Einschnitten wollte niemand etwas wissen. Kein Wunder, denn die Verkäufer sahen ihre Erfolgsbeteiligungen und Prämien längst als Teil ihres normalen Gehalts an. Dementsprechend hatten sie mit ihren Familien Häuser gebaut, Zweit- oder Drittwagen angeschafft und so weiter. Ich hätte mit meinen Leuten über alles reden können, nur nicht über weniger Geld. Einige kündigten sofort. Andere blieben zwar, brauchten aber lange, um zu ihrer positiven Einstellung zurückzufinden.

In dieser existenzbedrohenden Situation wurde mir etwas Entscheidendes klar: Ich hatte meine Mitarbeiter nicht motiviert, sondern bloß verwöhnt. Was ich jahrelang betrieben hatte, war nicht Führung gewesen, sondern Verführung. Ich ahnte damals schon: Entweder sind in unserer Firma in Zukunft alle innerlich überzeugt von dem, was wir tun – oder ich werde die finanziellen Anreize eines Tages bis ins Unbezahlbare steigern müssen, damit die Stimmung oben bleibt. Denn eines ist mir heute klar: Die gängigen Motivationsmaßnahmen – egal ob Umsatzprämien, Gewinnbeteiligungen, Reisen oder Boni – laufen am Ende immer auf Extra-Cash hinaus. Und an kaum etwas gewöhnen sich Leute so schnell wie an mehr Geld. Innerhalb kurzer Zeit glaubt jeder, dass ihm die Extrabelohnung ganz selbstverständlich zusteht.

Dauerbrenner Motivation: Was erwarten Unternehmer?

Mir war es als Unternehmer nicht gelungen, meine Mitarbeiter zu motivieren. Doch so schnell gab ich nicht auf! Ich begann mich intensiv mit dem Thema Motivation zu beschäftigen. Ich besuchte Seminare und hörte mir die Tipps und Tricks der Businessgurus an. Doch nichts, was ich in zahllosen Motivationskursen lernte, funktionierte auf Dauer. Da erschien irgendwann das Buch »Mythos Motivation« von Reinhard Sprenger. Der Autor beschreibt darin genau das, was ich selbst erlebt hatte: Motivation kommt von außen – doch was Menschen im Leben wirklich antreibt, kommt von innen. Deshalb wirkt äußere Motivation immer nur kurzfristig. Danach muss die Dosis wieder gesteigert werden. Entweder Menschen sind motiviert, weil sie innerlich für etwas brennen. Dann kann man als Unternehmer nur aufhören, sie zu demotivieren. Oder Menschen sind nicht motiviert. Dann helfen auf Dauer auch keine äußeren Anreize.

Wer als Trainer oder Redner gebucht werden will, bietet Motivation an

Das Buch von Reinhard Sprenger wurde zu einem Bestseller. Seit nunmehr zwanzig Jahren wird es immer wieder neu aufgelegt und steht in den Bücherregalen zahlreicher Unternehmer. Man sollte meinen, die Botschaft sei inzwischen bei allen angekommen. Doch wenn ich mich in den Unternehmen so umhöre, erlebe ich eher das Gegenteil. Das Thema Motivation ist ein Dauerbrenner! Wenn Sie als Trainer oder Redner gebucht werden wollen, dann bieten Sie am besten etwas zum Thema Motivation an. Erst kürzlich erreichte mich per E-Mail die Anfrage eines Industriebetriebs aus Deutschland. An zwei Seminartagen sollte ich dem Unternehmen Folgendes vermitteln:

- *Wie können wir die richtigen Mitarbeiter für uns gewinnen und auswählen?*
- *Wie lassen sich Mitarbeiter mit leistungsbezogenen Vergütungssystemen nachhaltig binden?*
- *Wie können wir die Motivationsfaktoren bei unseren Mitarbeitern aktivieren?*

Ich schrieb daraufhin zurück:

Sehr geehrter Herr ....,

... das ist wie bei einer attraktiven Frau – je attraktiver sie ist, desto mehr Verehrer hat sie. Wenn Ihr Betrieb attraktiv ist, dann zieht er auch Leute an. Und dann wollen die Leute auch bleiben und etwas leisten ...

Mir war klar, dass der Unternehmer etwas anderes von mir hören wollte. Ich bekam den Auftrag nicht und habe bis heute von der Firma nichts mehr gehört. Stattdessen reifte in mir eine Erkenntnis: Dieser Riesenbedarf an Motivation in den Unternehmen versiegt gerade deshalb nie, weil die Mittel wirkungslos sind. Es ist wie bei einem notorischen Spieler. Obwohl man erwiesenermaßen im Casino nicht reich werden kann, versucht der Spieler es immer wieder. Wenn er tatsächlich mal etwas gewinnt und eine Zeit lang reich ist, dann trägt er auch dieses Geld so lange ins Casino, bis es wieder weg ist. Genauso könnten Unternehmer längst wissen, dass sie ihre Mitarbeiter nicht motivieren können. Aber sie versuchen es immer wieder. Beim Glücksspiel werden nur die Casinos reich – bei der Motivation nur die Motivationsgurus.

Motivation ist wie der Versuch, im Spielcasino reich zu werden

Was hinter dem Wunsch nach Motivation steckt

Motivation ist ein Holzweg – sage ich als gelernter Tischler. Sie erfreut sich unter den unternehmerischen Erfolgsrezepten dennoch ungebrochener Beliebtheit. Wenn das so ist, dann muss es dafür tiefere Gründe geben. Menschen halten immer dann an etwas fest, was eigentlich gar nicht funktioniert, wenn es ein verborgenes Muster gibt, das nicht auf den ersten Blick durchschaubar ist. Was steckt hinter dem ungebrochenen Wunsch nach Motivation? Je länger ich mich mit dieser Frage beschäftigt habe, desto mehr sind mir vor allem zwei Gründe aufgefallen, die Motivation als Allheilmittel erscheinen lassen:

Misstrauen schürt den Wunsch nach Motivation

1. *Der Unternehmer misstraut seinen Mitarbeitern und glaubt nicht an deren Leistungsbereitschaft.*

2. *Der Unternehmer misstraut sich selbst und spürt keine echte innere Begeisterung und Leidenschaft.*

Beide Formen von Misstrauen hängen eng miteinander zusammen. Begeisterte Unternehmer kennen ihre Mission und haben eine Vision von der Zukunft ihrer Firma. Sie verstehen es, ihre Vision klar zu vermitteln und zu einer gemeinsamen Herzensangelegenheit aller Mitarbeiter zu machen. Ihre eigene Begeisterung ist eine enorme Kraftquelle im Unternehmen. Doch wie viele Unternehmer sind wirklich innerlich begeistert?

Der bekannte Buchautor und Unternehmer Jörg Knoblauch hat hunderten kleinen und mittelständischen Unternehmern folgende Frage gestellt: »Wie viel Prozent Ihrer Begeisterung werfen Sie in die Waagschale, wenn es darum geht, unternehmerisch anzupacken?« Er drückte den Leuten Zettel in die Hand, mit der Bitte, darauf eine Prozentzahl zu schreiben. In seinem Buch »Die Chef-Falle« verrät Jörg Knoblauch das Ergebnis:

> *Ursprünglich hatte ich auf den Zetteln einmal Zahlen wie 70, 80 oder 90 Prozent erwartet. Schließlich sind das ja alles Chefs, Unternehmer, Macher. Doch weit gefehlt. Da steht regelmäßig 15, 20 oder 50 Prozent, selten mal 70 Prozent. Nur ein Unternehmer hat einmal 120 Prozent notiert – wow! Wenn ich den Durchschnitt berechne, dann komme ich eher auf 40 als auf 50 Prozent.*

Der durchschnittliche Unternehmer ist also nach den Umfragen von Jörg Knoblauch nicht einmal zur Hälfte selbst begeistert. Gleichzeitig erwartet er aber, dass seine Mitarbeiter hoch motiviert sind. Was für ein Widerspruch! Kein Wunder, dass solche Unternehmer ihren Mitarbeitern nicht trauen. Die besten Unternehmer leben Mitarbeitern, Kunden, Lieferanten und anderen Geschäftspartnern genau das vor, was sie von diesen erwarten. Alles andere ist unglaubwürdig. Da ist das Misstrauen dann vorprogrammiert.

Wenn Unternehmer nicht begeistert sind, warum sollten es die Mitarbeiter sein?

Wer zur Motivation greift, der hat schon verloren. Er misstraut seiner eigenen inneren Überzeugung ebenso wie der Einsatzbereitschaft seiner Mitarbeiter. Aus Misstrauen greift er zu einem uralten Instrument: Zuckerbrot und Peitsche. Das Zuckerbrot besteht aus Geld, Lob, Anerkennung und Vorrechten. Die Peitsche aus strengen Anweisungen, disziplinarischen Maßnahmen oder dem Entzug von Vorteilen. Es ist geradezu verrückt, auf welche Ideen Vorgesetzte kommen, damit Mitarbeiter sich mehr anstrengen. In manchem Großkonzern zählt dazu sogar, wie nahe Mitarbeiter ihr Auto am Eingang parken dürfen! Dabei wusste schon der antike griechische Philosoph Epiktet:

> *Wenn die Sonne nicht auf Lob und Bitten wartet, um aufzugehen, sondern eben leuchtet und von der ganzen Welt begrüßt wird, so darfst auch du weder Schmeichelei noch Beifall brauchen, um Gutes zu tun. Aus dir selbst heraus musst du es tun: Dann wirst du wie die Sonne geliebt werden.*

Motivation ist Manipulation. Wer auf Motivation setzt, der muss sich darüber im Klaren sein, dass er seine Mitarbeiter fremdbestimmt und in die Abhängigkeit führt. Ich will noch einmal deutlich machen, was das praktisch bedeutet:

1. ***Lässt die Motivation nach, ist die Leistung schlechter als vorher.*** *Es ist wie bei Alkohol oder Drogen: Auf das kurzzeitige Hoch folgt das Tief. Wird ein Mitarbeiter zu 110 Prozent seiner ursprünglichen Leistung angetrieben, so sackt die Leistung auf 70 Prozent ab, sobald die Motivation wieder aufhört. Ein Verkäufer in meiner ersten Firma, der den Umsatz für die Jahresprämie knapp verfehlt hatte, sagte mir: »Wolfgang, das kannst du nicht machen!« Er wollte die Prämie trotzdem. Schon saß ich in der Falle. Der Mitarbeiter ging sauer aus meinem Büro und war völlig demotiviert.*
2. ***Alles an Extra-Cash wird schnell zum fixen Einkommen gerechnet.*** *Nach meiner Erfahrung ist das fast wie ein Naturgesetz. Jede Prämie wird im nächsten Moment zum Teil der Pension. Die privaten Ausgaben werden sofort angepasst. Soll der Mitarbeiter dann weiter motiviert werden, erwartet er noch mehr Geld. Bis auch dieser Betrag wieder selbstverständlich ist. Untersuchungen belegen zudem, dass ab einem bestimmten Einkommen (etwa 5000 Euro netto im Monat) zusätzliches Geld für die meisten Menschen nicht einmal mehr ein kurzfristiger Anreiz ist.*
3. ***Der Neid der Zukurzgekommenen zerstört das Betriebsklima.*** *Was geht in den Mitarbeitern vor, die keine Prämien und Boni bekommen? Darüber denken viele Unternehmer gar nicht nach. Dabei kann der Neid der*

Zukurzgekommenen das Betriebsklima zerstören. In der Möbelbranche ist es zum Beispiel üblich, dass Verkäufer Provisionen bekommen. Die Monteure bekommen keine Boni. Sie müssen aber mit den Verkäufern, welche die Einrichtungen planen, eng zusammenarbeiten. Da heißt es dann schnell: »Wir schleppen das ganze Zeug, und der feine Herr im Anzug kassiert das Geld …«

4. ***Mitarbeiter halten sich immer weniger an Abmachungen.*** *In vielen Unternehmen ist zusätzliches Geld an bestimmte Bedingungen geknüpft. Typischerweise führt das dazu, dass die Bedingungen immer mehr ausgehöhlt werden, der Anspruch auf das Geld aber bestehen bleiben soll. Das beginnt schon im Kleinen. Früher bekamen meine Verkäufer einen monatlichen Bonus, wenn sie eine Magnettafel mit unserer Werbung an ihrem Privatwagen anbrachten. Am Schluss fuhren die Leute die meiste Zeit ohne die Werbetafel, wollten das Geld aber trotzdem haben.*

Misstrauen lässt sich durch keine Motivationsmaßnahme beseitigen. Im Gegenteil, das Misstrauen steigt noch: Halten sich die Mitarbeiter wirklich an die Abmachungen? Stimmen die Zahlen tatsächlich – oder hat jemand bei den Aufträgen getrickst, um an seinen Bonus zu kommen? Im Internet habe ich den passenden Spruch dazu gefunden: »Zuckerbrot ist Peitsche.« Genau so ist es!

Der Trick: Sich selbst statt andere motivieren

Okay, sagen jetzt einige: Es funktioniert anscheinend nicht, andere Menschen zu motivieren. Dann muss sich eben jeder selbst motivieren! Das ist der neue Trick, der jüngste Trend. Seit einigen Jahren gibt es unzählige Bücher und Seminare zum Thema Selbstmotivation. Doch was ändert es, die Motivation nach innen zu verlagern? Entweder ich vertraue mir selbst, höre meine innere Stimme und spüre mein inneres Feuer. Oder ich misstraue mir selbst und muss mich deshalb zu Dingen motivieren, von denen ich befürchte, dass ich sie tief in meinem Inneren gar nicht will. Entweder ich kenne meine Mission und meine Vision und bin in der Lage, andere darin ihre eigenen Ziele

Was ändert es, die Manipulation nach innen zu verlagern?

wiederfinden zu lassen. Oder ich weiß selbst nicht so recht, wohin ich eigentlich will und muss mein Inneres manipulieren.

Selbstmotivation ist der Versuch, die äußere Manipulation nach innen zu verlegen. Das funktioniert genauso wenig wie die Fremdmotivation.

Bei der Selbstmotivation tauchen fast dieselben Probleme auf wie bei der Fremdmotivation. Wenn ich mir selbst misstraue und nicht davon überzeugt bin, dass ich jederzeit freiwillig mein Bestes gebe, dann versuche ich mich zu belohnen und zu bestrafen. Ich mache mir selbst mein Zuckerbrot und schwinge die Peitsche gegen mich selbst. Was für ein Irrsinn! Nehmen wir ein einfaches Beispiel. Sie sind selbstständig und arbeiten einige Monate an einem größeren Projekt. Es fühlt sich für Sie zäh an. Sie haben nicht die Energie, die Sie sich wünschen, deshalb geht es nur schleppend voran. Da sagen Sie sich: Wenn ich durchhalte und alles pünktlich schaffe, gönne ich mir eine Woche Mallorca mit der Liebsten. Sie versuchen, sich zu motivieren. Statt an die letzten Schritte des Projekts denken Sie intensiv an Mallorca.

Beim ersten Mal könnte das noch einigermaßen funktionieren. Sie freuen sich, dass Sie es geschafft haben und genießen den Extra-Urlaub. Danach sind Sie frustriert. Es fällt Ihnen schwer, mit dem nächsten Projekt zu beginnen. Viel schwerer als sonst. Da beschließen Sie vielleicht, dass es nach dem nächsten Großprojekt nicht nach Mallorca, sondern für eine Woche in die Karibik gehen soll. Sie haben die Dosis Ihrer Selbstmotivation erhöht. Leider läuft auch dieses Projekt schon wieder zäh, und Sie haben keine rechte Freude daran. Der Gedanke an die Karibik hilft Ihnen auch nicht immer. Im Gegenteil, manchmal macht Sie der Palmenstrand, den Sie sich als Bildschirmschoner eingestellt haben, regelrecht wütend. Daraufhin schwingen Sie die Peitsche gegen sich und führen negative Selbstgespräche: »Jetzt stell dich nicht so an!« Oder: »Jetzt mach doch endlich mal weiter!« Am Ende ist der Frust sogar noch größer als vor Ihrer Idee mit den Belohnungsreisen.

Seine Erfolge feiern ist keine Motivation, sondern Lebensfreude

Etwas ganz anderes ist es, wenn Sie begeistert bei der Sache sind und Ihre Erfolge feiern. Sie haben sich für ein großes Projekt leidenschaftlich engagiert und sind nun überglücklich, dass es zu einem guten Abschluss gekommen ist. Spontan öffnen Sie im Kollegenkreis oder mit dem Partner eine Flasche Sekt. Dann beschließen Sie, eine Woche auf Mallorca (oder in der Karibik) zu verbringen. Das ist keine Selbstmotivation. Nein, das ist Ausdruck purer Lebensfreude. Denn Sie haben ja Ihre gute Leistung von nicht etwas abhängig gemacht, das anschließend passieren soll. Es gab kein Wenn-dann. Das ist der Unterscheid. Sie hatten jederzeit Vertrauen in sich selbst und Ihre Bereitschaft, das Beste zu geben. Nun gehen Sie nicht einfach zur nächsten Aufgabe über, sondern freuen sich über Ihren Erfolg! Sie leben begeistert, egal ob Sie arbeiten, feiern oder Urlaub machen.

Wo Begeisterung entsteht

Begeisterung entsteht nicht außen, sondern innen. Sie entsteht in unseren Gedanken, unserem Geist, unserer Mitte. Darüber lesen Sie im Teil II noch mehr. Nur wenn ich keinen Sinn sehe, meine Lebensaufgabe nicht kenne, keine Vision habe, muss ich anfangen, mich selbst zu motivieren. Und mache dann die schmerzhafte Erfahrung, dass Selbstmotivation ein Strohfeuer ist. Ich kann mich kurzfristig dazu bringen, Dinge zu tun, über deren Sinn ich nicht weiter nachdenke. Aber das treibt mich nicht auf Dauer an. Es lässt mich keine Krisen meistern. Selbstmotivation ist immer die Reaktion auf ein Defizit. In Teil II und Teil III dieses Buchs lernen Sie Schritt für Schritt, diese Defizite abzubauen. Sie erforschen Ihre Ressourcen, setzen sich große Ziele und entdecken Ihre Mission und Vision.

Alle Quellen und Kräfte sind in unserem Inneren

Immer, wenn Sie das Gefühl haben, Sie müssten sich selbst motivieren, sagen Sie: Stopp! Halten Sie inne. Fragen Sie sich: Wo ist der Mangel? Was fehlt mir jetzt? Machen Sie sich Ihre Ziele bewusst und konzentrieren Sie sich auf den Sinn Ihres Tuns.

Selbstgesetzte Ziele sowie die Entdeckung der eigenen Mission und Vision beenden jede Art von Manipulation. Wer seine großen Ziele, seine Mission und seine Vision kennt, der ist frei. Er vertraut sich selbst, ist offen, kennt seine Werte und schöpft aus seinen Talenten und Energien. Motivation ist eine Krücke. Sie hilft dem Kranken, aber sie ist nicht natürlich. Begeisterte Menschen laufen ohne Krücken!

Selbstgesetzte Ziele, eigene Mission und Vision beenden jede Manipulation

Die beste Nachricht lautet: Sie müssen gar nicht so viel tun, wie Sie vielleicht denken, um außergewöhnlich erfolgreich zu sein. Denn in unserem Inneren sind alle Quellen und Kräfte für große Leistungen bereits vorhanden. Wir müssen diese lediglich entdecken und zur Entfaltung bringen. Das hat viel mehr mit vorsichtigem Erforschen als mit harter Arbeit zu tun. Ein selbstbestimmtes Leben voller Begeisterung ist für jeden Menschen möglich. Es ist weder eine besondere Kunst noch das Vorrecht einiger weniger Auserwählter. Unser aller Geburtsrecht ist es, frei und glücklich zu sein und anderen Menschen zu helfen, ebenfalls ein begeistertes Leben zu führen. Lediglich unsere eigenen alten Gedanken, Glaubensmuster und Überzeugungen können uns dabei im Weg sein.

Mit diesen Gedanken und Überzeugungen ist es wie in der folgenden kleinen Weisheitsgeschichte, die einige Leser vielleicht schon kennen:

Ein junger indianischer Krieger kam in das Zelt des Schamanen. Er sagte: »In mir ist ein ständiger Kampf. Zwei Tiere kämpfen gegeneinander, ein gutes und ein schlechtes. Sage mir, welches Tier gewinnen wird.« Da sah der Schamane den jungen Mann lange an und entgegnete dann: »Es wird das Tier gewinnen, das du am meisten fütterst.«

Wenn Sie das schlechte Tier in sich füttern – mit negativen Gedanken, Selbstverurteilungen, Ängsten und Vorwürfen –, dann züchten Sie sich Ihren eigenen »inneren Schweinehund« heran. Und dann glauben Sie irgendwann, dass Sie Motivation brauchen, um ihn zu überwinden. Wenn Sie aber das gute Tier mit positiven Gedanken, Träumen, Zielen, einer Mission und einer Vision füttern, dann führt Sie dieses Tier ganz automatisch in eine erfüllte Zukunft.

Auf die Übungen kommt es an, nicht auf meine Worte als Autor

Alles, was Sie dazu am Anfang brauchen, ist die Bereitschaft, sich auf das Jetzt einzulassen. Lösen Sie Ihre Gedanken von Ihrer Vergangenheit. Die Vergangenheit ist vorbei und nicht mehr zu ändern. Blicken Sie auch nicht ständig sorgenvoll in die Zukunft. Konzentrieren Sie Ihre Aufmerksamkeit mehr und mehr auf den gegenwärtigen Augenblick. In diesem Buch geht es ums Handeln. Auf die Übungen kommt es an, nicht auf meine Worte als Autor. Handeln können Sie nur im Hier und Jetzt! Menschen, deren Kopf voll ist von Gedanken an gestern oder voller Sorgen wegen morgen, kommen nicht ins Handeln.

Schauen Sie, was jetzt ist und was der nächste kleine Schritt sein könnte. So entsteht Selbstvertrauen. Wenn Sie entdecken, dass alles in Ihnen ist, dann ist Ihre Suche vorbei. Dann sind Sie bereit für den Funken, der das Feuer Ihrer inneren Begeisterung entzündet. Dieses Feuer brennt auf Dauer.

So läuft der Laden: Tipps für Teams und Unternehmen

Bevor ein Unternehmer Mitarbeiter führen kann, muss er lernen, sich selbst zu führen. Viele Unternehmer besuchen Seminare und Vorträge über Motivation und Mitarbeiterführung, weil sie am liebsten schnelle Rezepte hätten, damit ihr Laden läuft. Doch es gibt keine schnellen Rezepte. Der Weg führt stets nach innen. Was treibt den Unternehmer oder die Unternehmerin innerlich wirklich an? Wofür brennt er oder sie? Vor aller Beschäftigung mit den Mitarbeitern steht die Erforschung des eigenen Inneren.

Vermeiden Sie Motivierung vollständig. Motivierung zerstört Wahlfreiheit, Vertrauen und Wertschätzung. Sie wird von Misstrauen genährt. Gehen Sie einen anderen Weg. Den Weg des Vertrauens und der Achtsamkeit. Vertrauen Sie darauf, dass Menschen von Natur aus ihr Bestes geben wollen. Kommunizieren Sie offen Ihre Erwartungen. Und dann treffen Sie gemeinsam mit Ihren Mitarbeitern klare Vereinbarungen. In einem offenen und wertschätzenden Klima und bei fairer Entlohnung wird sich jeder Mitarbeiter und jede Mitarbeiterin gerne an das gemeinsam Vereinbarte halten. Ohne Zuckerbrot und Peitsche.

Wie unvermögend ist doch der gutwilligste Fleiß der Menschen gegen die Allmacht der ungeteilten Begeisterung! *Friedrich Hölderlin*

Motivierte können scheitern, Begeisterte nicht

Es ist kurz nach Sonnenaufgang. Die Luft ist frisch und klar. Manfred Brenner ist bis zur Baustelle gejoggt. Da steht der beeindruckende Rohbau aus Holz nun in der Morgensonne. Manfred bleibt stehen und lässt den Blick schweifen. Mit einem Lächeln betrachtet er das Bauschild. Die Überschrift lautet: »Hauptverwaltung der Brenner GmbH«. Darunter sieht man die Computersimulation eines futuristischen Gebäudes.

Da knirscht Kies unter den Reifen eines Geländewagens. Der Polier steigt aus und sieht Manfred: »Guten Morgen, Herr Brenner, was machen Sie denn so früh hier?«

»Ich schaue mir an, wie es mit meinem Traum weitergeht«, entgegnet der Unternehmer. »Zwar habe ich die Geschäftsführung abgegeben, doch es wird immer meine Firma bleiben.«

»Und was machen Sie jetzt?«, will der Polier wissen.

»Für mich beginnt ein neues Abenteuer«, entgegnet Manfred Brenner. »Ich gebe in Zukunft mein Wissen als Redner und Coach weiter.«

Die Geschichte von David und Goliath aus der Bibel kennen Sie vielleicht. Die Israeliten befanden sich damals im Krieg mit dem Volk der Philister. Die entscheidende Schlacht stand bevor. Die Philister hatten einen wahren Riesen in ihren Reihen: Goliath, einen Kämpfer, der von Kopf bis Fuß in einer Rüstung steckte und mit Langschild und Schwert ausgerüstet war. Sie forderten die Israeliten auf, ihren besten Mann gegen Goliath in den Zweikampf zu schicken. Wer den

Wo ist der wirkungsvollste Punkt?

Kampf gewinnt, dessen Volk soll sich das andere Volk zum Knecht machen. Doch kein Soldat der Israeliten traute sich. Alle flohen vor dem Riesen. Und das, obwohl der König von Israel dem siegreichen Kämpfer unendlichen Reichtum als Belohnung versprochen hatte. Da nimmt David, ein einfacher Hirtenjunge, die Herausforderung an. Ohne Schwert und Schild, nur mit ein paar Kieselsteinen geht er auf Goliath zu. Dieser verhöhnt den Hirtenjungen. Der Sieg des Riesen scheint schon gewiss. Da holt David eine Schleuder aus der Tasche und schießt einen Stein mit voller Wucht gegen die einzige freie Stelle am Kopf des Riesen. Goliath fällt tot um. Die Israeliten haben den Kampf gewonnen.

Meistens wird diese Geschichte heute herangezogen, um zu illustrieren, dass auch der Kleine gegen den Großen gewinnen kann. Wenn sich die Großen ihrer Macht zu sicher sind, kann es damit schnell vorbei sein. Das stimmt, doch das ist nicht der Grund, warum ich Ihnen diese Geschichte erzähle. Ich will auf etwas anderes hinaus. Worauf es mir ankommt, ist der wirkungsvollste Punkt. David hat mit seiner Steinschleuder auf die einzige unbedeckte Stelle gezielt. Deshalb brauchte er sich nicht anzustrengen, um zu gewinnen. Sein schmächtiger Körperbau und seine mangelnde militärische Erfahrung spielten keine Rolle. Ein Volltreffer auf den wirkungsvollsten Punkt genügte.

In jedem menschlichen Leben gibt es diesen wirkungsvollsten Punkt. Wir alle sind in der Lage, etwas zu entdecken, das uns mit Leichtigkeit Erfolg haben lässt. Erfolg ist eine ganz persönliche Sache und definiert sich für jeden Menschen individuell. In der einen oder anderen Form geht es jedoch stets darum, selbst gesteckte Ziele zu erreichen, eine Lebensaufgabe zu erfüllen, seinen Alltag als sinnvoll zu erleben und eine Vorstellung von einer positiven Zukunft zu haben. Wer seinen persönlichen wirkungsvollsten Punkt entdeckt hat, der besitzt damit den Zündfunken für ein begeistertes Leben.

Motivierte können scheitern, denn Motivation ist ein Strohfeuer, das aufhört zu brennen, wenn die äußere Motivation wirkungslos geworden ist. Oder wenn sich die Dosis der Motivierung nicht mehr steigern lässt. Begeisterte erleben zwar auch Krisen und Durststrecken. Aber sie scheitern nicht, da sie den Punkt in sich entdeckt haben, an dem der Funke überspringt, um ihr inneres Feuer auf Dauer zu entfachen.

Wenn die schöne Fassade bröckelt ...

Nachdem ich eine Franchisekette für Küchenstudios gegründet hatte, bekam ich verschiedene Anfragen von Inhabern bestehender Studios, ob sie sich uns anschließen könnten. Ich bin dann zu den Leuten hingefahren und habe Unternehmen und Unternehmer genau unter die Lupe genommen. Auf diese Weise kam ich einmal zu einem Küchenstudio in der Steiermark. Mein erster Eindruck war recht gut. Die Räume wirkten attraktiv und der Laden schien zu laufen. Beim Kaffee kam ich mit dem Inhaber ins Gespräch. Er war ein steirischer Handwerker, der sich zum Unternehmer hochgearbeitet hatte. Aus heiterem Himmel stellte er mir eine verräterische Frage. Er sagte: »Mal ganz ehrlich, Herr Allgäuer, würden Sie sich jemals wieder selbstständig machen?«

Würden Sie sich jederzeit wieder selbstständig machen?

Ohne lange zu überlegen und aus voller Überzeugung antwortete ich: »Ja, selbstverständlich. Wenn ich es nicht schon wäre, würde ich mich gleich morgen selbstständig machen.« Da schaute mich der Unternehmer mit großen Augen an. Er schien total überrascht. Hatte er denn geglaubt, wir würden nun gemeinsam ein Klagelied anstimmen, welch hartes Los die Selbstständigkeit ist? Mir war in diesem Augenblick klar: Mit dem Mann komme ich nicht ins Geschäft. Da fehlt die gemeinsame Basis. Wie soll sich jemand für unser Franchisesystem begeistern, wenn er bereits mit seiner Selbstständigkeit hadert?

In den folgenden Jahren hatte ich immer wieder ähnliche Erlebnisse. Was nach außen wie ein großer Erfolg aussieht, muss den Unternehmer nicht unbedingt glücklich machen. So manche schöne Fassade bröckelt, weil sie schnell hochgezogen wurde und das Engagement dann nachgelassen hat. Nachdem ich angefangen hatte, Trainer und Coach zu sein, bekam ich noch tiefere Einblicke. Ich traf etliche Selbstständige – typischerweise zwischen Mitte dreißig und Mitte vierzig –, die äußerlich erfolgreich wirkten, deren Unternehmen aber nicht richtig funktionierten. Sie waren frustriert und machten oft nur noch gute Miene zum bösen Spiel. Da war kein Feuer, keine Leidenschaft. Viele sagten mir offen Sätze wie: »Ich könnte auch etwas ganz anderes machen.« Ein Unternehmer meinte sogar zu mir: »Ich hasse diesen Job.« Das hat mich schockiert.

Der griechische Schriftsteller Plutarch wusste schon um 100 vor Christus: »Der menschliche Geist ist nicht wie ein Gefäß, das gefüllt werden soll, sondern wie Holz, das lediglich entzündet werden will.« Trotzdem suchen viele heute noch nach Erfüllung von außen statt nach dem Weg, ihr inneres Feuer zu entzünden.

Im deutschsprachigen Raum genießen heute alle Erwachsenen die Freiheit der Berufswahl. Es herrscht der Grundsatz der Gewerbefreiheit. Und es gibt zahllose Möglichkeiten staatlicher und privater Förderung von Existenzgründungen. Trotzdem schlagen Millionen eine berufliche Laufbahn ein, die sie überhaupt nicht reizt. Das gilt leider auch für Selbstständige. Woran liegt das? Hier sind einige der wichtigsten Gründe:

Warum schlagen Menschen eine Laufbahn ein, die sie nicht reizt?

- **Der einfachste Weg**
  Manche Jugendliche entscheiden sich für eine Ausbildung, die ihnen keine große Veränderung abverlangt. Beispielsweise bei einem Betrieb in der Nachbarschaft. Später bereuen sie, sich keine ehrgeizigeren Ziele gesetzt zu haben.

- **Erwartungen anderer**
  Eine große Versuchung besteht darin, anderen zu gefallen oder einfach den Erwartungen und Normen der Gesellschaft entsprechen zu wollen. Doch was Anerkennung oder schnelles Geld verspricht, muss nicht den wahren Neigungen entsprechen.

- **Einfluss des Elternhauses**
  Auch in der heutigen Zeit nimmt das Elternhaus großen Einfluss auf die Lebensentscheidungen junger Menschen. Das gilt besonders für Unternehmerfamilien, in denen ein Nachfolger gesucht wird. Einige übernehmen den elterlichen Betrieb nur widerwillig und aus Pflichtgefühl.

| Launen und Moden

Manche machen sich schließlich auch aus einer Laune heraus selbstständig oder ergreifen einen Modeberuf. Sie beschäftigen sich nicht ausreichend mit ihrem Inneren und wissen deshalb nicht, ob sie diese Tätigkeit auf Dauer erfüllen wird.

Wer als Selbstständiger an einen toten Punkt kommt und das Gefühl hat, sich im Kreis zu drehen, sollte unbedingt innehalten und sich Zeit für sich selbst nehmen. Zähne zusammenbeißen und einfach weitermachen ist keine Lösung. Es ist auch nicht wichtig, ob die Fassade einer Firma schön anzusehen ist oder nicht. Selbst wenn andere Sie um Ihren Erfolg beneiden: Der einzige Maßstab für Ihr Glück sind Sie selbst!

Ich frage Sie jetzt einmal ganz direkt: Sind Sie selbstständig und können Sie aus voller Überzeugung sagen, dass Sie sich morgen sofort wieder selbstständig machen würden? Wenn Sie zögern, dann stimmt bereits etwas nicht! Nehmen Sie eventuelle Zweifel ernst. Betrachten Sie sie als Aufforderung, in Ihr Inneres zu schauen und dort das zu entdecken, was Sie wirklich begeistert.

Vom Opfer zum Schöpfer

Selbstständigkeit ist für mich nach wie vor die große Chance zu Selbstfindung und Selbstverwirklichung. Als ich mich selbstständig machte, dachte ich: Endlich kannst du deine Leidenschaft leben! Dieses Gefühl hat mich als Unternehmer immer begleitet. Ich genieße meine Freiheit und habe die Möglichkeit, mein Schicksal aktiv in die Hand zu nehmen. Ich bin kein Opfer der Lebensumstände, sondern Schöpfer meiner eigenen Lebensrealität. Selbstverständlich können Angestellte so etwas auch erreichen. Auch sie können eine Mission leben. Wenn das anders wäre, dann hätten Unternehmer ja gar keine Chance, gute Leute zu finden. Dennoch ist und bleibt Selbstständigkeit für mich etwas Besonderes. Es ist eine Möglichkeit, den eigenen Weg zu entdecken und zu beschreiten. Wenn Sie selbstständig sind, dann können Sie dankbar sein. Sie machen nicht irgendeinen Job, sondern halten alle Trümpfe selbst in der Hand.

Selbstständigkeit ist und bleibt eine Riesenchance ...

Einen kleinen Wermutstropfen gibt es allerdings: Begeisterung, Freude und Enthusiasmus finden Sie nicht in Ihrer Komfortzone. Als »Komfortzone« hat bereits der große Psychologe Viktor Frankl (1905–1997) jenen Bereich unseres Lebens bezeichnet, in dem wir Sicherheit, Bequemlichkeit, Ruhe, Geborgenheit, Harmonie und Ordnung vorfinden. Keine Frage: Dieser Bereich ist sehr wichtig! Ohne etwas, das uns Sicherheit gibt und zur Ruhe kommen lässt, werden wir auf lange Sicht krank. Viktor Frankl erkannte allerdings, dass es innerhalb der Komfortzone keine Entwicklung gibt. Die Komfortzone ist nämlich auch die Summe unserer Gewohnheiten. Wer ständig in der Komfortzone lebt, wird unflexibel und lernt nichts Neues.

… sofern Sie Ihre Komfortzone verlassen

Außerhalb der Komfortzone, wo Risiko, Spannung, Ungewohntes, ja manchmal sogar Chaos lauern, winken auch Begeisterung, Chancen, Spaß, Erfolg und Lebensfreude. Wer etwas erreichen will, muss bereit sein, die Komfortzone zu verlassen. In der Komfortzone ahnen wir unseren inneren Reichtum oft nicht und übersehen deshalb auch die Möglichkeiten, die uns offenstehen. Die Devise lautet deshalb: Raus aus der Komfortzone! Jeder, der sich einmal selbstständig gemacht hat, weiß, dass Existenzgründung mit einer Menge Mühe verbunden ist. Ich gehe sogar noch einen Schritt weiter: Wenn ich auf mein Leben als Unternehmer zurückblicke, dann habe ich in schweren Zeiten am meisten und am schnellsten gelernt. Das war oft nicht angenehm. Aber es hat sich gelohnt!

Die Komfortzone verhindert bei vielen Menschen die Entfaltung der Persönlichkeit und den Erfolg. Wachstum findet nur außerhalb der Komfortzone statt. Entscheiden Sie sich bewusst, Ihre Komfortzone immer wieder zu verlassen. Trauen Sie sich!

Auch das Folgende steckt für mich in der Geschichte von David und Goliath: Der Hirtenjunge mit der Steinschleuder wusste, wie man den Riesen besiegen kann. Doch niemand hat ihm das zugetraut. Er musste den Mut aufbringen, zum König zu gehen und zu sagen: Ich mache das! Er musste das Gespött seines Gegners ertragen. Und schließlich musste er seinen kühnen Plan wirklich in die Tat umsetzen. Das alles fand außerhalb der Komfortzone statt.

In der Bibel wird der Hirtenjunge David übrigens eines Tages selbst König von Israel. Ohne seine mutige Tat im Kampf gegen Goliath wäre das wohl nicht möglich gewesen. Tatsächlich erleben Menschen immer wieder Durchbrüche, die ihnen zeigen, was für ein großes Potenzial in ihnen steckt. Ich gehe in diesem Buch von der Annahme aus, dass in jedem einzelnen Menschen ein gigantisches Potenzial schlummert. Insbesondere die Übungen im zweiten Teil sollen Ihnen helfen, dieses Potenzial zu entdecken und zu heben.

Begeisterung ist uns angeboren!

Neulich hatte ich ein einprägsames Erlebnis: Der kleine Sohn meines Neffen hatte ein neues Spielzeug bekommen. Es war eine Art elektrisches Blasrohr, das mit bunten Schmetterlingen gefüllt war. Wenn man es einschaltet, dann kommen die Schmetterlinge heraus und schweben durch den Raum. Das Kind konnte von dem Spielzeug gar nicht genug bekommen. Es hüpfte, schrie und lachte laut vor Freude. In diesem Moment sah ich ganz deutlich: Begeisterung ist uns angeboren! Beim Kind genügen schon ein paar bunte Schmetterlinge, um diese Begeisterung zu wecken. Die meisten Erwachsenen haben jedoch viel von ihrer Begeisterung verloren. Sie liegt begraben unter einer dicken Schicht aus Sorgen, Zweifeln, Gewohnheiten und Bedürfnissen nach Status und Anerkennung. Doch die Begeisterung kommt uns nie abhanden. Wir können sie praktisch ein Leben lang wiederentdecken und neu beleben. Sie ist Teil unserer Natur.

Die kindliche Begeisterung lässt sich jederzeit wiederentdecken

Motivation ist antrainiert – Begeisterung ist angeboren! Machen Sie sich auf den Weg, zu entdecken, was alles in Ihnen angelegt ist.

Niemand bringt einem Kind bei, vor Freude zu hüpfen. Leider haben innerhalb der letzten zwanzig Jahre viele Erwachsene geglaubt, sie müssten Motivation lernen und trainieren. Motivationsgurus haben sie in Stadthallen zum Klatschen und zum Hüpfen gebracht. Doch das ist keine wirkliche Begeisterung. Denn Begeisterung ist nicht trainierbar. Sie ist in unserem inneren Kern angelegt und wartet darauf, entzündet zu werden wie ein Stück trockenes Holz. Mit Zwang und Antreiben funktioniert das nicht. Weder bei den Mitarbeitern noch beim Unternehmer. Nur wer sich Zeit für sich selbst nimmt und nach innen geht, wird den Funken der Begeisterung entzünden.

Selbstverständlich besteht das Leben nicht nur aus Erfolg und Freude. Gegenkräfte gibt es immer. Große Erfolge sind oft mit schwerwiegenden Misserfolgen erkauft. Selbstständigkeit ganz ohne Probleme ist eine Illusion. Und dennoch: Wo ein Feuer brennt, da ist auch in dunkler Nacht noch Licht. Wer aus sich heraus den wirkungsvollsten Punkt gefunden hat, der setzt sich selbst Ziele, die mit den persönlichen Ressourcen übereinstimmen. Begeisterte Männer und Frauen wissen, wozu sie auf der Welt sind, und haben eine klare Vorstellung von der gewünschten Zukunft. Um das alles wird es in diesem Buch noch gehen.

Probleme gibt es immer – doch wo Feuer brennt, bleibt Licht

Es geht mir schließlich auch um eine neue, andere Art der Selbstständigkeit und des Unternehmertums. Immer wieder habe ich in der Vergangenheit Unternehmer getroffen, die sich nur für eine einzige Zahl interessieren: den Gewinn nach Steuern. Es geht bei der Selbstständigkeit jedoch um weit mehr als um Zahlen. Die Ressource Mensch kann Größeres schaffen als lediglich einen monetären Gewinn. Finanzieller Erfolg gehört zur Selbstständigkeit dazu, das ist keine Frage. Doch Erfüllung kann niemand mit Geld kaufen. Wer auf äußere Erfolge setzt, der hat oft einen unstillbaren Hunger nach Bestätigung. Begeisterte Menschen sind frei davon. Sie suchen nicht nach Anerkennung, sondern sie verwirklichen das, was sie in sich erkannt haben.

So läuft der Laden: Tipps für Teams und Unternehmen

Sind Sie ein begeisterter Unternehmer? Haben Sie ein begeistertes Team? Es ist wichtig, diese Fragen einmal kritisch für sich selbst zu beantworten. Zu wie viel Prozent können Sie Begeisterung, Freude, Enthusiasmus, ja Leidenschaft in Ihrer Firma erkennen? Freuen Sie sich auf jeden Montagmorgen? Freut Ihr Team sich? Beobachten Sie auch einmal Ihr Zeitgefühl: Vergeht Ihnen die Zeit bei der Arbeit wie im Flug? Oder ist es oft zäh? Werden Erfolge gefeiert? Oder werden sie nur abgehakt?

Denken Sie schließlich daran, was Sie außerhalb Ihres Berufs erleben. Haben Sie da häufiger das Gefühl, begeisterter zu sein als in Ihrer Firma? Wenn ja, was sind das für Situationen, die mehr Freude in Ihnen wecken? Ein solches kritisches Nachdenken kann ernüchternd sein. Vielleicht empfinden Sie aber auch schon eine Menge Freude in Ihrer Firma, haben jedoch eine Ahnung, dass da noch mehr möglich sein könnte? Von den Übungen in den weiteren Teilen dieses Buchs werden Sie in jedem Fall profitieren. Egal, ob Sie noch besser werden wollen oder das Gefühl haben, dass es so nicht mehr lange weitergehen kann.

Kapitel 3

Eine mächtige Flamme entsteht aus einem winzigen Funken. *Dante*

Wie Sie Ihrem Business Feuerflügel verleihen

»Wie kann ein Mensch das Feuer der Begeisterung für sein Leben entzünden?«, fragt Manfred Brenner von der Bühne ins Publikum. Die Stuhlreihen in einem internationalen Hotel nahe des Zürcher Hauptbahnhofs sind bis auf den letzten Platz besetzt. Es ist still im Saal. »Mich interessiert vor allem«, fährt er fort, »dass Sie ein begeistertes Leben erlangen.«

Als der Applaus nach dem Vortrag verklungen ist, geht Simon Thaler auf den Redner zu: »Manfred! Klasse Vortrag! Erinnerst du dich an mich?«

»Natürlich, Simon«, erwidert Manfred Brenner lächelnd. »Wann hast du dich selbstständig gemacht?«

»Vor neun Jahren.«

»Und wie läuft es?«

»Gar nicht. Deshalb bin ich hier. Meine Frau hat von deinem Vortrag gelesen. Und da es nach Zürich nicht weit ist, bin ich hergefahren.«

»Kann ich etwas für dich tun, Simon?«

»Nach deinem Vortrag glaube ich, du wärst der beste Coach für mich.«

»Das mache ich gerne. Wann hast du Zeit für ein erstes Gespräch?«

Mit Selbstständigkeit verbinden viele spontan Tatkraft und Initiative. Unternehmer gelten als Macher, die nicht lange überlegen, sondern zupacken. Tatsächlich hat ein Unternehmer für gewöhnlich viele Termine. Manche Unternehmer hetzen von Besprechung zu Besprechung. Doch selbst wer es ruhiger angehen lässt, muss sich nach vielen Seiten hin abstimmen. Unternehmer sprechen ständig mit Kunden, Mitarbeitern,

Lieferanten, Geldgebern, Ämtern und so weiter. Das ist auch alles gut und richtig. So sieht der Businessalltag aus. Und dennoch: Wenn Sie mich heute fragen, was mich als Unternehmer entscheidend weitergebracht hat, dann denke ich an nichts von alledem. Mein erster Gedanke gilt vielmehr einer winzigen Berghütte. Diese Hütte liegt in den Vorarlberger Alpen, fernab der touristischen Pfade, und ist nur nach einer längeren Wanderung zu erreichen. Auf diese Hütte habe ich mich als Unternehmer immer wieder für etwa eine Woche zurückgezogen.

Rückzugsraum zum Nachdenken

Meine ersten zwei oder drei Tage auf der Hütte waren meistens von großer Unruhe geprägt. Denn natürlich bin auch ich ein Macher, der gerne anpackt und aktiv ist! Und so lief ich ständig in der Hütte und auf dem kleinen Vorplatz hin und her, machte mir einen Tee, rückte meinen Stuhl zurecht, holte mir meine Sonnenbrille, machte mir noch einen zweiten Tee und so weiter. Ich fühlte mich wie ein Tiger im Käfig. Erst allmählich kam ich äußerlich und innerlich zur Ruhe. Ohne Telefon und andere Verbindungen zur Außenwelt war ich ganz auf mich konzentriert. Exakt das war meine Absicht! Nachdem ich zur Ruhe gekommen war, horchte und spürte ich immer tiefer in mich hinein. Ich stellte mir Fragen wie: Was will ich wirklich? Wovon träume ich noch? Ergibt das, was ich gerade tue, für mich einen Sinn? In den letzten Tagen auf der Hütte fand ich immer mehr Antworten. Ich schrieb die Antworten auf. Schließlich kehrte ich voller Tatkraft und Elan in meinen Alltag zurück.

Die Überschrift dieses Kapitels lautet: »Wie Sie Ihrem Business Feuerflügel verleihen«. Ich weiß nicht, woran Sie als Erstes gedacht haben, als Sie die Überschrift gelesen haben. Ich kann mir jedoch vorstellen, dass einige Leserinnen und Leser an so etwas wie »durchstarten«, »Gas geben« oder »den Turbo einschalten« gedacht haben. Die meisten Unternehmer und Selbstständigen sind ungeduldig und erfolgshungrig. Den inneren Turbo einzuschalten, ist tatsächlich eine wichtige Fähigkeit, wie Sie in diesem Buch noch lesen werden. Doch das ist nicht der erste Schritt. Wenn Sie ein begeistertes Leben haben wollen, wenn Sie Ihrem Business Flügel verleihen möchten, wenn

In der Stille, in Ihrem Inneren finden Sie alle Antworten

der Laden laufen soll – dann ist der erste Schritt, sich Zeit zu nehmen und zur Ruhe zu kommen. Gehen Sie in die Stille, um auf die innere Stimme zu hören. In Ihrem Inneren finden Sie alle Antworten, die Sie brauchen.

Überrascht Sie diese Aussage? Haben Sie von diesem Buch vielleicht einfache Rezepte oder schnelle Lösungen erwartet? Nun, das Buch bietet Ihnen relativ schnelle Lösungen, wenn Sie bedenken, dass die meisten Menschen mehr Zeit in die Planung eines zweiwöchigen Urlaubs investieren als in die Planung ihrer Lebensreise. Ein Mensch, der achtzig Jahre alt wird, hat mehr als 29 000 Tage gelebt. Lohnt es sich etwa nicht, davon einige wenige Tage zu investieren, damit das Leben gelingt?

Bitte nehmen Sie sich Zeit für die Übungen in diesem Buch

Sie werden von dem Buch erst dann wirklich profitieren, wenn Sie sich ausreichend Zeit für sich selbst nehmen. Wenn Sie in Ruhe alle Übungen in Teil II und Teil III machen, wird das mehrere Stunden in Anspruch nehmen. Nicht am Stück, sondern so, wie Sie es sich einteilen. Überlegen Sie: Scheint Ihnen diese Investition lohnend? Vielleicht lautet Ihre spontane Antwort: Ich habe doch gar keine Zeit! Wann soll ich das machen? Lassen Sie uns deshalb ein wenig über das Thema Zeit nachdenken.

Unser Umgang mit Zeit

Vor vielen Jahren habe ich einmal eine Geschichte von Pfarrer Wilhelm Busch gehört, die mir seitdem nicht mehr aus dem Kopf gegangen ist.

Pfarrer Busch und die verdrängte Tatsache

Pfarrer Busch lebte von 1897 bis 1966 in Deutschland und war zu seinen Lebzeiten ein bekannter Prediger und geistlicher Schriftsteller. Er war durch seine Erfahrungen als Soldat im Ersten Weltkrieg zum christlichen Glauben gekommen und hat dann vor allem in den Notzeiten des Zweiten Weltkriegs als Jugendpfarrer im Ruhrgebiet viel Gutes bewirkt. Einmal kam Pfarrer Busch auf einer Zugfahrt mit einem Jugendlichen ins Gespräch, und es entspann sich folgender Dialog:

»Was möchtest du einmal werden, wenn du groß bist?«, fragt Pfarrer Busch den Jugendlichen. »Was möchtest du in deinem Leben einmal machen und erreichen?«

»Zuerst die Schule.«

Darauf Wilhelm Busch: »Was dann?«
»Dann der Beruf.«
Darauf wieder Wilhelm Busch: »Was dann?«
»Ja, dann möchte ich eine liebe Frau haben und dann möchte ich eine glückliche Familie gründen.«
»Und was dann?«
»Dann möchte ich im Beruf Karriere machen. Und dann will ich die Erfolge genießen. Dann will ich mich zur Ruhe setzen. Dann will ich die Rente genießen.«
»Und was dann?«
»Weiter kann und will ich nicht denken, mehr weiß ich einfach nicht.« Wilhelm Busch sagt: »Was dann kommt, kann ich dir sagen. Es ist der Tod.«

Der Tod ist die vielleicht am häufigsten verdrängte Tatsache des menschlichen Lebens. Wir haben nicht unbegrenzt Zeit, um unsere Träume zu verwirklichen und unsere großen Ziele zu erreichen. Unsere Lebensspanne ist begrenzt. Es ist deshalb sehr hilfreich und heilsam, sein Leben einmal vom Ende her zu betrachten: Was möchten Sie an Ihrem Lebensende erreicht haben? Aber auch: Was möchten Sie nicht verpasst haben? Die meisten älteren Menschen bereuen ihre verpassten Chancen mehr als ihre Fehler. Sie wünschen sich im Nachhinein, mehr Risiken eingegangen zu sein. Das hat der Amerikaner John Izzo in einer groß angelegten Befragung herausgefunden. Auf sein Buch werde ich später noch einmal zurückkommen.

Was 95-Jährige rückblickend anders machen würden

Bei einer anderen Untersuchung in den USA wurden 95-Jährige gefragt, was sie in ihrem Leben anders machen würden, wenn sie noch einmal von vorne anfangen könnten. Die Bedingung für die Teilnahme an der Befragung war, noch im Vollbesitz aller geistigen Kräfte zu sein.

Das würden die 95-Jährigen anders machen, wenn sie eine zweite Chance bekämen:

1. ***Mehr für bleibende Werte arbeiten.*** *Sich für Dinge anstrengen, die über das Leben hinauszeigen, statt nur für Geld und Konsum.*
2. ***Mehr Risiken eingehen.*** *Chancen nutzen und Veränderung wagen statt in der Komfortzone zu bleiben.*

3. ***Mehr reflektieren.*** *Öfter stehen bleiben, zur Ruhe kommen und sich fragen, was man wirklich will.*

Zu den drei Dingen, die alte Menschen am meisten bereuen, zählt also, nicht oft genug zur Ruhe gekommen zu sein und nachgedacht zu haben. An diese Umfrage muss ich oft denken, wenn Selbstständige sagen: »Ich habe keine Zeit!« Sich einen halben Tag freizunehmen, um über das eigene Leben und die ganz persönlichen Wünsche, Träumen und Ziele nachzudenken, erscheint manchen fast unmöglich. Dabei wird gerne vergessen, wie kurz das Leben ist und wie schnell unsere Chancen wieder vorübergehen. Ich lade Sie ein, einmal folgende Übung zu machen, die Ihnen Ihre Lebensspanne buchstäblich greifbar macht.

Übung 3.1 Ihre Lebensspanne

Nehmen Sie einen Meterstab zur Hand. Außerdem benötigen Sie eine kleine Gartenschere oder ein anderes Werkzeug, mit dem Sie den Meterstab leicht zerschneiden können. Falten Sie den Meterstab auseinander. Sie sehen jetzt 200 Zentimeter. Jeder Zentimeter soll ein Jahr symbolisieren. Bis jetzt ist noch kein Mensch 200 Jahre alt geworden. Unsere Lebenserwartung liegt eher bei 80 Jahren.

Wie alt werden Sie? Was schätzen Sie? Schneiden Sie den Zollstock an der Stelle ab, wo diese Zahl steht. Jetzt gehen Sie an das andere Ende. Am Anfang Ihres Lebens waren Sie im Elternhaus, in der Schule, in der Ausbildung oder auf der Universität und konnten noch nicht allein über Ihren Weg bestimmen. Schneiden Sie diesen Teil vom Meterstab ab. Er ist jetzt schon deutlich kleiner!

Jetzt schneiden Sie noch den Teil bis zu Ihrem aktuellen Lebensalter ab. Die Jahre bis hierhin haben Sie gelebt und Sie können im Nachhinein nichts mehr ändern. Was Sie jetzt in den Händen halten, ist die Spanne, die Ihnen noch bleibt, um ein begeistertes Leben nach Ihren eigenen Vorstellungen zu führen. Betrachten Sie den Rest des Zollstocks ein paar Minuten. Was fühlen Sie? Welche Gedanken kommen auf?

Tipps und Hinweise zur Übung: *Wenn Sie keinen Meterstab haben oder keinen opfern wollen, können Sie auch jedes andere Maßband nehmen. Bei IKEA gibt es kostenlos Maßbänder aus Papier. Wichtig ist, dass Sie die Übung nicht nur in Gedanken machen, sondern Ihre verbleibende Zeit einmal wirklich »in Händen halten«.*

Einmal hatte ich in einem meiner Seminare einen Unternehmer als Teilnehmer, der ungefähr Mitte fünfzig war. Nachdem wir gemeinsam die Übung mit dem Meterstab gemacht hatten, starrte er minutenlang gedankenverloren auf das schmale Stück Holz in seinen Händen. Als ich zu ihm hinging, blickte er auf und sagte erschrocken: »Wolfgang, ich habe ja nur noch so ein kleines Stück!« Die Übung hatte ihm die Augen geöffnet und ihn betroffen gemacht. Der beste Zeitpunkt, in unserem Leben etwas positiv zu verändern, ist immer *jetzt sofort.* Denn wir sind wie in einem Zug, der unaufhaltsam rollt. Vieles im Leben können wir vermehren, aber die Zeit wird täglich weniger.

Zeit können wir weder mehren noch kaufen noch verwahren. Zeit vergeht. Wir können sie nutzen oder sie verschenken. Ja, unsere Zeit ist sogar immer das größte Geschenk, das wir einem Menschen machen können! Dabei erleben wir unsere Zeit höchst subjektiv. Gute Tage gehen schnell vorbei. An dunklen Tagen scheint die Zeit stehen zu bleiben. Von Albert Einstein, der als Physiker die Relativität der Zeit erforscht hat, stammt das Zitat: »Wenn man mit dem Mädchen, das man liebt, zwei Stunden zusammensitzt, denkt man, es ist nur eine Minute; wenn man aber nur eine Minute auf einem heißen Ofen sitzt, denkt man, es sind zwei Stunden.« Was wir jedoch selbst in der Hand haben, ist unser Umgang mit Zeit. Gehen wir bewusst mit ihr um oder verschwenden wir sie? Nehmen wir uns Zeit, unsere nächsten Schritte zu planen, oder rennen wir im sprichwörtlichen Hamsterrad?

Der berühmte amerikanische Präsident Abraham Lincoln (1809–1865) sagte einmal: »Wenn ich acht Stunden Zeit hätte, einen Baum zu fällen, würde ich sechs Stunden lang die Axt schleifen.«

Alle außergewöhnlich erfolgreichen Menschen überlegen sehr genau, wofür sie ihre Zeit einsetzen. Erfolglose Menschen leben in den Tag hinein. Die Erfolgreichen nehmen sich immer wieder ausreichend Zeit zum Nachdenken. Und sie investieren in Aktivitäten, die für sie einen hohen Wert haben. Denn sie wissen: Das Leben findet heute statt. Wo sich jemand auf das Wesentliche konzentriert, da wachsen ihm Feuerflügel.

Ungewöhnlich erfolgreiche Menschen gehen bewusst mit ihrer Zeit um

Doch woher weiß jemand, was das Wesentliche ist und wofür es sich lohnt, Lebenszeit einzusetzen? Das weiß derjenige, der sich Zeit nimmt, sich mit sich selbst zu beschäftigen.

Aus der eigenen Tiefe heraus leben

Der berühmte Psychologe Viktor Frankl hat einmal folgenden Vergleich verwendet: Ein schwaches Feuer erlischt im Sturm; ein starkes Feuer wird vom Sturm noch weiter angefacht. Ein schwaches Feuer bedeutet beim Menschen, nicht aus der eigenen Tiefe heraus zu leben. Wir leben in einer Welt der »Zuvielfalt«, die uns permanent mit Reizen überschüttet und uns alternative Möglichkeiten anbietet. Wer sich immer wieder von anderen Dingen anstecken lässt, dessen Lebensfeuer brennt nur an der Oberfläche. Bricht eine Krise wie ein Sturm über ihn hinein, so erlischt das Feuer ganz schnell. Anders ist das bei Menschen, die sich selbst kennen und aus ihrer Tiefe heraus leben: Ihr Feuer kommt von innen und brennt stark. Stürme fachen es noch an, das heißt, aus Krisen gehen sie gestärkt hervor. Leider beschäftigt sich nur eine Minderheit der Menschen intensiv mit sich selbst. Doch wer sich selbst nicht richtig kennt, der kann auch nicht erfolgreich selbstständig sein!

Ein starkes Feuer facht ein Sturm noch weiter an

In den folgenden Kapiteln geht es deshalb in zahlreichen Übungen darum, dass Sie sich selbst besser kennenlernen. Das ist der vielleicht wichtigste Schlüssel zu einem begeisterten Leben und zur erfolgreichen Selbstständigkeit. Nur wenn Sie sich selbst und Ihre Ressourcen kennen, können Sie sich passende Ziele setzen und diese wirklich erreichen. Ich lade Sie ein, sich mit Ihren Träumen, Wünschen und Sehnsüchten zu beschäftigen. Menschen, die träumen, entfesseln ihren Geist. Auch werden Sie sich mit Ihren Werten beschäftigen. Denn unsere Werte sind die Basis für ein erfolgreiches Leben. Sie bekommen Gelegenheit, sich Ihre Talente ganz genau anzusehen. Was davon ist Ihnen bewusst und was schlummert da eventuell noch im Verborgenen? Es wird um Ihre Energien und Ihre Antriebe gehen. Schließlich werden Sie auf der Basis von alledem Ihre großen Ziele festlegen und die Mission und Vision Ihres Lebens finden können.

Lernen Sie sich selbst besser kennen!

Zunächst jedoch lade ich Sie noch zu einer ungewöhnlichen Übung ein. Es geht um einen Fantasienamen, den Sie für sich finden. Ihren bürgerlichen Namen kennen Sie. Vielleicht haben Sie auch einen Spitznamen, einen Kosenamen oder sogar einen Titel? Alle diese Namen haben andere Ihnen gegeben. Doch welchen Namen würden Sie sich selbst geben? Bevor Sie lange darüber nachdenken, befragen Sie am besten Ihr Unterbewusstsein. So üben Sie gleichzeitig, still zu werden, sich nach innen zu wenden und auf spontane Eingebungen zu achten. Diese Fähigkeit werden Sie bei den Übungen in den folgenden Kapiteln noch häufig brauchen. Und ich erkläre Ihnen später auch noch, warum gerade das Unterbewusstsein so eine enorme Kraft hat. Beim Fantasienamen gibt es übrigens keine festen Vorgaben. Mein eigener Fantasiename ist »Träumer«. Die Teilnehmerinnen und Teilnehmer meiner Seminare waren auch schon einmal ein Baum, eine Brückenbauerin, ein Apfel, das Feuer oder das Wasser, um einige Beispiele zu nennen.

Übung 3.2 Ihr Fantasiename

Suchen Sie sich einen ruhigen Ort, an dem Sie während der nächsten 10–15 Minuten niemand stört. Schalten Sie Ihr Mobiltelefon in den Flugmodus und auch andere Störquellen aus. Setzen Sie sich aufrecht und entspannt hin. Lesen Sie nun langsam folgenden Text. Folgen Sie den Worten wie auf einer Reise in Ihrer Fantasie:

Ich sehe dich, du schöne Welt. Ich fühle mich wohl in dir. Ich sehe deine Schönheit. Ich will meinen vorgesehenen Platz einnehmen.

Ich gehe jetzt langsam durch einen schönen Wald spazieren. Ich fühle den weichen Waldboden unter meinen Füßen. Die Blätter der Bäume rauschen, die Vögel zwitschern, es hallt.

Nun trete ich aus dem Wald hinaus auf eine Lichtung. Da ist ein Weg. Ich folge dem Weg. Am Ende des Weges ist ein Haus. Ich komme näher. Ich stehe vor dem Eingang. Jetzt gehe ich durch den Eingang. Ich komme in einen Flur. Dort sehe ich eine Tür zu einem Zimmer. Ich gehe durch die Tür in das Zimmer.

Ich bin jetzt in einem schönen Zimmer. Ich sehe mich im Zimmer um und erblicke einen Schrank, ein großes Bett und einen großen Spiegel. Ich gehe auf den Spiegel zu und sehe mich selbst an. Ich betrachte mich mit einem Lächeln. Jetzt sage ich zunächst meinen richtigen Vor- und Nachnamen und dann meinen Fantasienamen. Ich sage: »Ich bin … Ich bin …«

In diesem Augenblick ist Ihnen ein Name in den Sinn gekommen. Nehmen Sie das erste Wort, das in Ihren Gedanken auftaucht. Freuen Sie sich darüber. Mal schauen, was das alles heißt.

Tipps und Hinweise zur Übung: *Sie können den Text der kleinen Fantasiereise auch vorher langsam auf Ihr Diktiergerät sprechen und dann mit geschlossenen Augen anhören. Das ist möglicherweise noch wirkungsvoller. Statt eines Diktiergeräts können Sie auch die Sprachmemofunktion Ihres Mobiltelefons oder jedes andere Aufnahmegerät verwenden.*

Haben Sie Ihren Fantasienamen gefunden? Es ist nicht wichtig, ob Ihnen der Fantasiename auf Anhieb logisch und schlüssig erscheint. Er muss Ihnen nicht einmal spontan gefallen. Ich garantiere Ihnen, dass der Name viel mit Ihnen und Ihrem Leben zu tun hat. Vielleicht klingt Ihr Name ja auch verheißungsvoll? Möglicherweise steckt darin etwas, das mit Ihren Träumen und Sehnsüchten zu tun hat? Es kann gut sein, dass Sie während der Übungen in den folgenden Kapiteln hin und wieder an Ihren Fantasienamen denken und schmunzeln müssen. Merken Sie sich den Namen auf jeden Fall. Am besten schreiben Sie ihn auf. In Kapitel 11 wird Ihr Fantasiename noch einmal gebraucht.

Hiermit endet der erste Teil dieses Buchs. Wir haben uns die Feuerstelle gemeinsam angesehen. Haben Sie Lust bekommen, ein Feuer zu machen? Sind Sie bereit, die Flamme der Begeisterung in Ihrem Leben zu entfachen? Dann dürfen Sie sich freuen, denn jetzt geht es richtig los. In den folgenden Kapiteln wird es ganz praktisch. Ich wünsche Ihnen viel Freude und Erfolg bei den folgenden Übungen!

So läuft der Laden: Tipps für Teams und Unternehmen

Viele Unternehmer denken nur an sich selbst. Die eigenen Ziele und der eigene Terminkalender bestimmen den Horizont. Doch wie sieht es mit Ihren Mitarbeitern aus? Wenn Sie sich als Unternehmer ständig unter Zeitdruck setzen, ist das problematisch genug. Doch wie sieht es für Ihre Mitarbeiter aus? Wie viel Druck geben Sie weiter? Manchmal vielleicht unüberlegt? Auch in Teams und Unternehmen erlischt ein schwaches Feuer im Sturm, während ein starkes Feuer vom Sturm noch angefacht wird. Also: Wie sehr »brennen« Ihre Mitarbeiter? Wie groß sind Ihre eigenen Entscheidungsspielräume und welche Spielräume haben die einzelnen Mitarbeiter?

Es ist wichtig, dass nicht nur Sie als Unternehmer nachdenken, sondern dass auch Zeit ist, gemeinsam mit Ihren Mitarbeitern zu überlegen, was alle miteinander wirklich wollen. Wie viel Zeit zum Nachdenken gibt es in Ihrer Firma? Bei dem Internetunternehmen Google wird den Mitarbeitern zugesichert, dass ihnen ein bestimmter Prozentanteil Ihrer Arbeitszeit zum Nachdenken und für die Entwicklung eigener Ideen zur Verfügung steht. Wäre so etwas in Ihrer Firma auch denkbar?

II

Das Brennmaterial

In diesem Teil des Buchs geht es um Ihre Ressourcen. Und damit wird es ganz praktisch! In den folgenden Kapiteln finden Sie zahlreiche Übungen zu Ihren Träumen, Werten, Talenten, Energiequellen und Antrieben. Sie profitieren am meisten von diesem Buch, wenn Sie sämtliche Übungen in der angegebenen Reihenfolge bearbeiten. Denn diese sind der Anmarschweg zu einem großen Ziel: Ihrem persönlichen Leitbild auf einem einzigen Blatt Papier!

Bitte machen Sie alle Übungen schriftlich und nach Möglichkeit auch handschriftlich. Es ist wissenschaftlich erwiesen, dass wir beim Schreiben mit der Hand viel stärker mit unserem Unterbewusstsein verbunden sind, als wenn wir eine Tastatur verwenden.

Wenn Sie mögen, dann besorgen Sie sich ein schönes Schreibbuch für die Übungen, zum Beispiel von Moleskine, Leuchtturm oder Bindewerk. Eine gute Haptik macht Freude und ist Ausdruck von Wertschätzung gegenüber sich selbst. Alternativ können Sie für sämtliche Übungen im Internet Übungsblätter kostenlos herunterladen und ausdrucken. Gehen Sie dazu auf die Seite www.wolfgangallgaeuer.com/buch und klicken Sie dort auf »Downloads«.

Kapitel 4

Fantasie ist wichtiger als Wissen, denn Wissen ist begrenzt. *Albert Einstein*

Das erste Holzscheit: Ihre Träume

Manfred Brenner ist an einem herbstlichen Freitagnachmittag in das Büro von Simon Thaler gekommen. Simons Sekretärin hat den beiden einen Kaffee in die Sitzecke gebracht.

»Wenn ich mich hier umschaue, hast du es doch zu etwas gebracht, Simon«, meint Manfred anerkennend. »Du hast studiert und warst fleißig. Jetzt bist du Geschäftsführer in deinem eigenen Betrieb. Wo liegt denn dein Problem?«

»Ach, Manfred, ich zweifele an allem«, entgegnet Simon, klappt den Computer auf seinem Schoß zu und lässt sich in die Polster fallen. »Lange ging es mir ja ganz gut. Aber seit unser bester Kunde abgesprungen ist, weiß ich nicht mehr, warum ich mir das hier antue.«

»Dann sag mal«, hakt Simons Mentor ein, »wobei fühlst du dich denn richtig wohl? Was lässt dich zufrieden lächeln?«

Simon schließt die Augen und denkt nach. Er wirkt kraftlos. Als er die Augen wieder öffnet, sagt er mit leiser Stimme: »Manfred, ich weiß es gar nicht.«

»Dann machst du dir jetzt selbst ein Geschenk. Du schenkst dir drei Stunden zum Träumen. Ja, du hast richtig gehört, Simon: Fang an zu träumen!«

Beim Träumen erleben wir Menschen unsere höchste Kreativität. Und doch sagen wir: Träume, Wünsche, Sehnsüchte, das ist etwas für Kinder. Als Selbstständige und Unternehmer wollen wir am liebsten zu den Kreativsten und Innovativsten unserer Branche zählen. Und doch meinen wir: Träume haben im Geschäftsleben nichts zu suchen. Schon gar nicht verborgene Wünsche und Sehnsüchte aus unserem tiefsten Herzen. Im

Geschäft geht es um Ziele und Ergebnisse auf der Basis von Fakten. Doch ist das wirklich so? »Werdet wie die Kinder«, sagt Jesus in der Bibel. Das ist ein Ratschlag für Erwachsene auf der Suche nach Glück und innerer Zufriedenheit. Dieser Satz hat viele moderne Künstler inspiriert. Er ist keine Aufforderung, sich vor seiner Verantwortung zu drücken. Sondern es geht darum, den Geist auf Reisen zu schicken. Die Fantasie schweifen zu lassen, frei und ohne Grenzen. Es geht auch darum, dem nachzuspüren, was tief in unserem Herzen ist. Wem das gelingt, der kann neu aufbrechen zu einem außergewöhnlich erfolgreichen Leben.

Warum Erwachsene träumen sollten

Ich beobachte es bei meinen Enkeln: Sie können sich stundenlang in ihren Tagträumen verlieren. Sie kommen auf die unglaublichsten Ideen und bauen ganze Welten in ihren Gedanken. Mich fasziniert das jedes Mal aufs Neue. Und jetzt frage ich Sie: Wann haben Sie sich zuletzt ganz in Ihren Tagträumen verloren? Wann haben Sie einmal dem nachgespürt, wonach Sie sich wirklich in Ihrem tiefsten Innersten sehnen? Nicht nur für Ihr Geschäft, sondern auch für Ihr Leben. Ich frage Sie das nicht ohne Grund. Fast alle Selbstständigen, die ich kenne, träumen viel zu wenig. Sie mögen äußerlich betrachtet Erfolg haben, ja sogar von vielen beneidet werden. Doch innerlich geht es ihnen so wie Simon in unserer Beispielgeschichte: Sie zweifeln an ihrem Weg. Sie spüren immer weniger Freude in ihrem Alltag. Und sie wissen nicht, warum das so ist. Wenn es schon so weit gekommen ist, dann ist es höchste Zeit, das Träumen neu zu erlernen.

Erlauben Sie sich, zu träumen! Lassen Sie Ihre Gedanken von der Kette. Entfesseln Sie Ihren Geist. Denn Ihre Träume hat sonst niemand. Wenn Sie Ihre Träume nicht träumen, dann tut es kein anderer.

In diesem Kapitel machen Sie einige Übungen, die Sie in Verbindung mit Ihren Träumen, Wünschen und Sehnsüchten bringen. Wichtiger als alle Übungen ist, dass Sie sich auf Ihre Träume neu einlassen. Wenn Kinder die Augen schließen, sehen sie sofort die buntesten Farben und vielfältigsten Formen. Bei den meisten Erwachsenen ist das

Träumen ist lernbar. Sich Zeit nehmen genügt

nicht mehr so. Ihre Fantasie ist eingeschlafen. Sie denken nüchtern und realistisch. Doch wie eingesperrte Schmetterlinge sind ihre Träume immer noch in ihren Herzen. Lassen Sie diese Schmetterlinge frei! Sie lernen, neu zu träumen, indem Sie sich einfach genügend Zeit nehmen und Ihre Träume und Fantasien zulassen. Das ist schon alles. Jeder und jede kann das.

Ihre kühnsten Träume, Wünsche und Sehnsüchte entdecken

Wenn Sie Kindern im Grundschulalter ein Blatt Papier geben und sie bitten, alle ihre Träume aufzuschreiben, dann gibt es kein Halten mehr. Begeistert gehen die Kleinen an die Aufgabe heran. Ein Blatt Papier ist schnell voll. Die Kinder wollen ein zweites und ein drittes. Es kommt immer mehr. Irgendwann müssen Sie Stopp sagen. Geben Sie Erwachsenen dieselbe Aufgabe, dann herrscht erst einmal Schweigen. Nachdenklich starren die Männer und Frauen auf das leere Blatt. Dann werden zögerlich die ersten Punkte zu Papier gebracht. Am Ende haben die Kinder wirklich ihre kühnsten Träume festgehalten. Sie wollen sich in Drachen oder in Feen verwandeln, als Astronauten ferne Galaxien entdecken oder die ganze Welt zu einem blühenden Garten umgestalten. Und die Erwachsenen? Ihre Träume ähneln oft den Lebenszielen, die sie schon längst angestrengt verfolgen. Warum ist das so? Weil wir Erwachsenen unsere Träume sofort mit dem Verstand bewerten. Kaum taucht eine kühne Fantasie auf, sagt eine Stimme im Kopf: »Das ist doch nicht realistisch. Vergiss es!« Und wir folgen dieser Stimme.

Den Verstand erst einmal zum Schweigen bringen

Bitte lassen Sie bei der folgenden Übung Ihren Träumen völlig freien Lauf. Erteilen Sie Ihrem Verstand Redeverbot. Er will alles gleich bewerten und auf Machbarkeit überprüfen. Doch jetzt wird geträumt! Nachdenken werden Sie später noch genug, keine Sorge. Zunächst ist allein Ihre Fantasie gefragt. Die Stimme Ihres Herzens hat das Wort, nicht Ihr Kopf. Träumen Sie kühn! Je kühner, desto besser.

Bahn frei für die kühnsten Träume!

Übung 4.1 Ihre kühnsten Träume

Notieren Sie alle Ihre kühnsten Träume, Wünsche und Sehnsüchte. Alle! Nehmen Sie sich ausreichend Zeit. Minimum sind dreißig Minuten, Maximum ein halber Tag. Finden Sie heraus, wovon Sie wirklich träumen. Nichts und niemand behindert Sie beim Aufschreiben. Die Aufzeichnungen sind allein für Sie bestimmt. Kein anderer soll sie sehen. Es ist wichtig, dass Sie spontan sind und nicht lange nachdenken. Seien Sie wie ein Kind. Haben Sie Mut zu großen Wünschen und gewagten Träumen. Vage Vorstellungen und schwache Wünsche haben keine Kraft. Denken Sie nicht an Konsequenzen. Für einen Augenblick gibt es keine! Wenn und Aber sind verboten. Spinnen Sie!

Tipps und Hinweise zur Übung: *Zwischen Träumen, Wünschen und Sehnsüchten brauchen Sie nicht zu unterscheiden. Es ist alles das Gleiche und alles in Ihrem Herzen. Trennen Sie auch nicht berufliche und private Wünsche, sondern notieren Sie wild drauflos, was Ihnen in den Sinn kommt. Machen Sie die Übung unbedingt schriftlich. Allein im Kopf funktioniert sie nicht, denn die Gedanken wechseln viel zu schnell ab. Suchen Sie sich für die Übung einen Ort, an dem Sie sich wohlfühlen und der Sie inspiriert. Solche Orte sind bei jedem Menschen unterschiedlich. Vermeiden Sie aber in jedem Fall, dass Ihnen jemand über die Schulter schauen und mitlesen kann.*

Haben alle Menschen kühne Träume? Ich behaupte: Ja. Unsere Träume können lediglich tief verborgen sein. Stellen Sie sich vor, Sie sind mit Kindern in der Natur und haben an einer Feuerstelle ein Feuer gemacht. Als das Holz vollständig verbrannt ist, sehen Sie nur noch einen kleinen Aschehaufen. Das Feuer brennt nun nicht mehr. Aber unter der Asche ist noch lange eine Glut. Wenn die Kinder die Asche wegpusten, kommt die Glut wieder zum Vorschein. Genauso ist es mit unseren kühnsten Träumen. Sie können tief unter der Asche unseres bisherigen Lebens verborgen sein. Doch wenn wir wie Kinder die Asche wegpusten, liegt die Glut wieder offen. Und an der Glut könnte sich jederzeit ein neues Feuer entzünden.

Alle Menschen haben kühne Träume

Haben Sie Ihren kritischen Verstand vermisst, als Sie Ihre kühnsten Träume notiert haben? Jetzt dürfen Sie ihn wieder einsetzen! Schauen Sie sich Ihre Notizen noch einmal in Ruhe an. Stellen Sie sich jetzt diese Fragen:

1. Sind Ihre Wünsche und Träume wirklich groß genug?
2. Waren Sie ehrlich zu sich selbst und haben nichts unterdrückt?
3. Widersprechen sich bestimmte Träume vielleicht gegenseitig?
4. Sind es wirklich Ihre Träume – und keine Erwartungen anderer?

Mit den ersten beiden Fragen haben Sie noch einmal die Chance, etwas zu ergänzen, was Sie sich vielleicht im ersten Moment nicht getraut haben aufzuschreiben. Wenn sich einzelne Träume widersprechen, dann nehmen Sie das zunächst nur als Hinweis auf. Prioritäten setzen Sie später. Die vierte Frage ist ein Hinweis auf Menschen, die unsere Träume beeinflussen. Gehören unsere Träume wirklich uns selbst? Oder wollen wir anderen gefallen, sie beeindrucken oder für sie eine Last tragen? Im nächsten Abschnitt richten Sie die Aufmerksamkeit Ihrer Kindheit auf Ihre Träume von heute.

Widersprüche aushalten und noch nicht priorisieren

Wovon haben Sie als Kind geträumt – und wovon Ihre Eltern?

Als Kinder waren wir alle viel kreativer und neugieriger als heute. Wir haben gemalt und gebastelt, gespielt und fantasiert und ständig Neues ausprobiert. Ich habe zum Beispiel als Kind meine Spielzeuge auseinandergenommen. Alles, was sich aufschrauben ließ, habe ich geöffnet, um hineinzuschauen. Auch so manches, was nicht als Spielzeug bestimmt war. Ich wollte wissen: Warum funktioniert das? Noch heute bin ich jemand, der den Dingen gerne auf den Grund geht. Und so ist es bei allen Menschen: Unsere Kindheitsträume, aber auch unsere liebsten Spiele und Spielzeuge sagen viel über unsere Ressourcen im Erwachsenenalter aus. Ein Junge, der beim Indianerspiel immer Häuptling war, ist meistens auch später gerne Chef. Aber vielleicht hat jemand als Kind nur davon geträumt, der Häuptling zu sein? Die anderen Burschen waren stärker und haben es verhindert. Dann könnten

Was Kinderträume Ihnen als Erwachsenem zeigen

Führungsanlagen zwar vorhanden, aber bis heute nicht gelebt worden sein.

Jeder Mensch trägt seit der Kindheit bestimmte Sehnsüchte in sich. Einige davon haben sich vielleicht schon erfüllt. Andere sind Träume geblieben. Wer sich an seine Kindheitsträume erinnert, der nimmt Kontakt mit seinem Innersten auf. Was hat Ihnen als Kind Freude gemacht? Was ist Ihnen besonders leicht gefallen? Ob Sie es glauben oder nicht: Darin stecken fast immer wertvolle Hinweise darauf, was Ihnen auch heute im Geschäftsleben mehr Leichtigkeit und Freude bescheren könnte. Nehmen Sie sich deshalb ausreichend Zeit, die Fragen in Übung 4.2 zu beantworten.

Übung 4.2 Kinderträume und Kindervergnügen

Diese Übung besteht aus mehreren Fragen. Lassen Sie sich Zeit und beantworten Sie die Fragen handschriftlich in Ihrem Notizbuch oder auf dem Übungsblatt, das Sie von meiner Website heruntergeladen haben.

1. Was war für Sie als Kind ein besonderes Vergnügen? Womit haben Sie sich gerne und viel beschäftigt?
2. Was waren Ihre beliebtesten Spiele oder Spielzeuge?
3. Was wollten Sie werden, wenn Sie einmal groß sind?
4. Welche Sehnsüchte hatten Sie in Ihrer Kindheit?
5. Welche Ihrer Kindheitssehnsüchte haben Sie heute noch?

Tipps und Hinweise zur Übung: *Vielleicht erinnern Sie sich zunächst an nichts. Lassen Sie sich davon nicht entmutigen. Schreiben Sie auf, was Ihnen in den Sinn kommt. Dann warten Sie einen Moment. Sie werden bald merken, wie Sie sich an immer mehr erinnern. Zu Frage 3 können Sie ergänzend auch Ihre Eltern oder Geschwister fragen.*

Der große Psychologe Carl Gustav Jung (1875–1961) hat gesagt: »Nichts wirkt sich so sehr auf das Leben eines Kindes aus, wie das nicht gelebte Leben seiner Eltern.« Schon als Kinder spüren wir genau, was unseren Eltern fehlt: Hätten sie gerne mehr Geld? Wollten sie sich selbstständig machen, haben aber den Mut nicht aufgebracht? Mangelt es ihnen an

Bildung? Schlummert ein musikalisches, künstlerisches oder schriftstellerisches Talent in ihnen, das sie nie entwickelt haben? Oft erhalten Kinder unterbewusst regelrechte Aufträge von ihren Eltern. Sie sollen nachholen, was den Eltern nicht gelungen ist. Wenn Kinder später als Erwachsene nach etwas streben, was ihre Eltern nicht erreicht haben, so ist das nicht automatisch schlecht. Wenn es heute um unsere Träume geht, sollte uns lediglich bewusst sein, was wirklich unserem tiefsten Herzen entspringt und was möglicherweise ein unterbewusster Auftrag der Eltern ist. Manchmal stimmt beides auch überein. In Übung 4.3 machen Sie sich auf die Suche nach dem ungelebten Leben Ihrer Eltern.

Achtung: Der Einfluss Ihrer Eltern ist groß!

Übung 4.3 Das nicht gelebte Leben Ihrer Eltern

Konzentrieren Sie sich einmal ganz auf Ihre Eltern, um die folgenden Fragen zu beantworten. Sollten Sie bei nur einem Elternteil aufgewachsen sein, versuchen Sie trotzdem so gut es geht, beide Eltern zu berücksichtigen. Wenn Sie Ihre Eltern als Kind nicht kannten oder kaum Kontakt zu ihnen hatten, denken Sie an die Menschen, bei denen Sie aufgewachsen sind.

1. Wie sieht das nicht gelebte Leben Ihrer Eltern aus? Was fehlte ihnen im Leben?
2. Welche Träume hatten Ihre Eltern? Von welchen Träumen haben sie immer wieder gesprochen?
3. Was davon hat Sie beeinflusst? Was hat Sie beeindruckt? Wie?

Tipps und Hinweise zur Übung: *Manche Menschen sprechen nie offen über ihre Träume und Sehnsüchte. Wenn das auf Ihre Eltern zutrifft, dann versuchen Sie, sich in sie hineinzuversetzen. Wovon, glauben Sie, haben Ihre Eltern geträumt?*

Die letzten beiden Übungen zu Ihrer Kindheit und Ihren Eltern waren sehr wichtig. Kinderträume kommen spontan aus dem Herzen und sind noch ganz frei von gesellschaftlichen Erwartungen. Gleichzeitig saugen Kinder die Wünsche und Erwartungen ihrer Eltern auf wie ein Schwamm. Beides vermischt sich dann. Manche Erwachsene, die zum ersten Mal über ihre Kinderträume und das nicht gelebte Leben der Eltern nachdenken, verstehen ihre Gefühle und ihr Verhalten im Berufsleben plötzlich viel besser. Vielleicht sind sie auf dem richtigen Weg. Möglicherweise spüren sie aber auch eine innere Leere, eine unerfüllte Sehnsucht. Oder ihnen wird klar, dass sie die Träume anderer statt ihrer eigenen zu verwirklichen versuchen. Beides lässt sich durch neue Ziele sowie die ganz eigene Mission und Vision korrigieren.

Eigene Herzenswünsche und Erwartungen anderer

Vom Wunsch zum Ziel: Der Nutzen des Träumens

Der Nobelpreisträger Albert Einstein (1879–1955) hat zu Anfang des 20. Jahrhunderts die moderne Physik begründet. Mit seiner Relativitätstheorie deutete er Raum und Zeit ganz anders, als es sämtliche Physiker vor ihm getan hatten. Ein einzelner Mensch sprengte die Grenzen des Vorstellbaren in einer ganzen Wissenschaft! Einstein hat einmal folgenden Gedanken geäußert: »Fantasie ist wichtiger als Wissen, denn Wissen ist begrenzt auf all das, was wir heute wissen und verstehen, während Fantasie die gesamte Welt und alles umfasst, was jemals gewusst und verstanden werden kann.« Alles Neue kommt dadurch auf die Welt, dass Menschen zunächst davon träumen!

Alles Neue kommt durch Träume in die Welt

Das gilt auch für die großen Innovationen in Technik und Wirtschaft. Der Erfinder Thomas Alva Edison (1847–1931) hatte den Traum von einer nachts hell beleuchteten Stadt. Tatsächlich sorgte sein Unternehmen später für die nächtliche Beleuchtung New Yorks. Und das war der Startschuss für die Elektrifizierung der ganzen Welt. »Alle Träume können wahr werden, wenn wir den Mut haben, ihnen zu folgen«, hat der legendäre Filmproduzent Walt Disney (1901–1966) gesagt. Sie müssen kein Einstein, Edison oder Disney sein, um die Kraft Ihrer Träume für sich und Ihr Geschäft zu nutzen. Vielleicht haben Sie sich schon als Existenzgründer oder später in einem Coaching intensiv mit der Zielsetzung befasst. Natürlich ist es wichtig, sich Ziele zu setzen. Wir können aber nur diejenigen Ziele erreichen, die zu unseren Ressourcen passen. Und unsere erste Ressource sind unsere Träume, Wünsche und Sehnsüchte.

Ziele sind Träume mit einem Preis und einem Termin. Wer den Mut hat, seine Ziele zu verwirklichen, und den Preis bezahlt, der hat Erfolg.

Wie aus Träumen Ziele und Erfolge werden

Aus unseren wichtigsten Träumen leiten sich mit folgenden zwei Fragen unsere Ziele ab. Erstens: Was ist der Preis für diesen Traum? Zweitens: Bis wann soll er Wirklichkeit sein? Einen Traum zu einem Erfolg werden zu lassen, hat seinen Preis. Manchmal können wir den Preis nicht bezahlen, weil uns dazu etwas Wesentliches fehlt. Oder wir wollen den Preis nicht bezahlen, weil er uns zu hoch erscheint. Wenn wir bereit und in der Lage sind, den Preis zu zahlen, dann müssen wir ihn sofort bezahlen. Und anschließend brauchen wir Mut, um das Ziel, zu dem unser Traum geworden ist, tatsächlich zu erreichen. Doch es bleibt dabei: Am Anfang stehen immer die Träume! Deshalb sollten Sie als Selbstständiger oder als Unternehmerin Ihre wichtigsten Träume kennen.

Übung 4.4 Ihre zehn wichtigsten Träume

Nehmen Sie sich wieder ausreichend Zeit. Schauen Sie sich alles noch einmal in Ruhe an, was Sie bisher an Träumen, Wünschen und Sehnsüchten notiert haben. Entscheiden Sie sich dann für Ihre zehn wichtigsten Träume. Machen Sie eine Liste. Wenn Sie mögen, dann ergänzen Sie diese Liste noch um Ihren wichtigsten Kindheitstraum sowie den wichtigsten unerfüllten Traum Ihrer Eltern. Vielleicht sind diese ja auch schon unter Ihren Top Ten.

Tipps und Hinweise zur Übung: *Ihr Verstand kommt bei der Auswahl zu seinem Recht. Geben Sie ihm jedoch nicht zu viel Macht! Sie wissen jetzt, dass Träume einen Preis haben, wenn sie zu Zielen und schließlich Erfolgen werden sollen. Nehmen Sie kühne Träume und große Sehnsüchte trotzdem in die Liste auf, wenn sie zu Ihren Herzenswünschen zählen. Über die Verwirklichung machen Sie sich erst später Gedanken.*

Erfolgreiche Menschen können immer wieder träumen

Die erfolgreichsten und gleichzeitig glücklichsten Unternehmer der Welt sind Menschen, die das Träumen nie verlernt haben. Träume sind unsere innere Schatzkammer. Immer, wenn wir diese Kammer betreten, passiert etwas mit uns. Leider trauen sich viele Erwachsene nicht, ausreichend zu träumen. Sie wollen im Geschäftsleben die knallharten Macher sein und nicht die Träumer. Oder sie meinen, sie hätten keine Zeit, ihre Gedanken auf die Reise zu schicken. So vernachlässigen sie das Träumen. »Tagträume sind die meistunterschätzte geistige Aktivität«, schreibt der Psychologe Heiko Ernst, Chefredakteur der Zeitschrift »Psychologie heute« (Heft 07/2011). »Wenn wir tagträumen, nähern wir uns dem Glutkern unseres Selbst. Mehr noch als die nächtlichen Träume sind die Träume mit offenen Augen ein Königsweg zu dem, was uns im Innersten zusammenhält.« Deshalb sollten wir uns das Recht und die Zeit zum Tagträumen nehmen, lautet das Fazit des Experten.

Sich das Recht und die Zeit zum Tagträumen nehmen

Nehmen Sie sich regelmäßig Zeit zu träumen. Machen Sie das Träumen zu einer der obersten Prioritäten in Ihrem Business. Hören Sie niemals damit auf, Ihren Träumen nachzuspüren. Auch wenn Sie schon sehr lange im Geschäft sind.

Wie Sie in Kapitel 3 gelesen haben, habe ich mich als aktiver Unternehmer einmal im Jahr für bis zu eine Woche auf eine Berghütte zurückgezogen, um zu träumen. Im Alltag können wir nicht so tief in uns hineinhören, wie es nötig ist, um unseren Träumen nachzuspüren. Allerdings habe ich beobachtet, dass es zwei unterschiedliche Typen von Träumern gibt. Die einen brauchen einen ruhigen Ort und absolute Ungestörtheit. Dazu zähle ich. Die anderen können in einem Café, auf einer langen Zugfahrt oder bei einem langen Spaziergang durch eine Großstadt wunderbar tagträumen. Es ist egal, welche Umgebung Sie zum Träumen inspiriert. Wichtig ist, dass Sie sich immer wieder Zeit dafür nehmen. Gehen Sie einmal im Jahr für mindestens einen Tag allen Ihren Träumen nach. Nehmen Sie sich zwischendurch aber auch mal ein paar Stunden zum Träumen. Das ist mein bester Rat.

So läuft der Laden: Tipps für Teams und Unternehmen

Was bedeutet Träumen im Team oder im Unternehmen? In einigen Firmen gibt es schon heute ab und zu einen »dreamday«. Ein solcher Traumtag bedeutet leider nicht automatisch, dass die Gedanken entfesselt werden. Manchmal geht es gleich um Ziele statt um Träume. Und in einigen Firmen ist der Dreamday nur ein Vergnügen für die Chefs und schließt die Mitarbeiter aus. Planen Sie Ihren Traumtag sorgfältig. Ein- bis zweimal im Jahr mindestens einen halben Tag lang sollte drin sein. Träumen Sie gemeinsam mit Ihren Mitarbeiterinnen und Mitarbeitern. Je nachdem, ob Sie 3, 30 oder 300 Angestellte haben, werden vielleicht nicht immer alle teilnehmen können. Je größer die Gruppe, desto wichtiger ist ein guter Moderator.

In jedem Fall sollten Sie für eine entspannte und freie Atmosphäre sorgen. Alles darf gedacht und ausgesprochen werden! Nichts ist verboten. Träumen Sie mit Ihrem Team von verrückten Dingen. Fangen Sie an zu spinnen. Von welchen Kunden träumen Sie? Welche Vertriebswege hat noch niemand in Ihrer Branche beschritten? Was ist das verrückteste Produkt, das Sie sich vorstellen können? Die Umsetzung kann noch so unmöglich erscheinen. Das ist zunächst egal. Fragen Sie sich auch: Wovon träumen unsere Kunden? In meinen Küchenstudios habe ich immer versucht, etwas über die Träume der Kunden zu erfahren. Ist es der Traum, dass sich die ganze Familie morgens an der Frühstücksbar versammelt? Oder sieht sich jemand mit zehn Geschäftsfreunden bei einem glanzvollen Dinner? In den Träumen zeigt sich, mit welchen Menschen wir zu tun haben. Und ob unsere Träume zu den Träumen der anderen passen.

Meiner Meinung nach hat ein Unternehmer überhaupt nur zwei Hauptaufgaben. Die erste Aufgabe ist die Führung des Unternehmens. Das geschieht hier und jetzt. Die zweite Aufgabe ist es, für Träume zu sorgen, die das Unternehmen in die Zukunft tragen. Die Produkte, die ein Unternehmer in fünf Jahren verkaufen will, muss er heute erträumen. Nur wer frei im Geist ist und seine Fantasie entfesselt, kann auf neue Lösungen kommen. Nicht zuletzt werden Sie feststellen: Träumen macht Freude. Unternehmer sein heißt Schöpfer von Dingen sein, die es so noch nie gegeben hat. Unsere Schöpferkraft ist das Größte, was Gott oder das Universum uns geschenkt hat. Sie zu nutzen, bedeutet Verheißung und Erfüllung in einem.

Kapitel 5

Werte kann man nicht lehren, sondern nur vorleben. *Viktor Frankl*

Das zweite Holzscheit: Ihre Werte

»Hast du dir die Zeit zum Träumen genommen, Simon?«, fragt Manfred Brenner am Telefon.

»Ja, das habe ich«, entgegnet der Unternehmer. Simon ist unterwegs auf der Autobahn, hat das Tempo 120 Stundenkilometer eingestellt und telefoniert über die Freisprechanlage. »Ich war einen halben Tag alleine zu Hause. Beate und die Kinder waren in der Stadt zum Einkaufen. Nie hätte ich gedacht, dass mir so viele Träume einfallen würden.«

»Und wie geht es dir jetzt damit?«

»Ich bin froh, das mal alles schriftlich zu haben. Jetzt kann ich mir ganz neue Ziele …«

»Halt, nicht so schnell!«, unterbricht ihn Manfred. Fast im selben Moment erreicht Simon eine Baustelle. Schilder links und rechts der Fahrbahn erlauben nur noch 80 Stundenkilometer. »Träume allein sind zu nebulös«, fährt Manfred fort. »Du solltest jetzt in aller Ruhe deine Werte klären. Was ist dir hier und jetzt wirklich wichtig? So kommst du aus den Wolken deiner Träume zurück auf den Boden. Und du findest deinen inneren Kompass. Im Leben ist der Kompass wichtiger als die Uhr.«

Werte drücken das aus, was uns wirklich wichtig ist im Leben. Und das, was uns endgültig wichtig ist. So manches auf der Welt kann uns interessieren oder gefallen. Aber wofür würden wir kämpfen? In vielen Dingen sind wir sicher kompromissbereiter als Selbstständige gegenüber unseren Kunden. Aber wo würden wir auf gar keinen Fall Abstriche machen? Alles, was uns emotional heftig reagieren lässt, wenn es bedroht wird, hat mit unseren Werten zu tun. Einer meiner wichtigsten Werte ist zum Beispiel Freiheit. Ich bin auch deshalb immer leidenschaftlich gerne Unternehmer gewesen, weil es mir meine Freiheit garantiert. Mein Streben nach Freiheit zeigt sich auch in den Häusern, die wir gebaut haben: Sie sind großzügig angelegt und bieten viel Freiraum. Wenn meine Freiheit bedroht ist und ich mich in die Ecke gedrängt fühle, dann explodiere ich. Oder ich werde depressiv und sage: »Macht doch was ihr wollt!« So oder so geht es mir sehr nahe. Menschen, denen Sicherheit wichtiger ist als Freiheit, reagieren in einer vergleichbaren Situation anders. Sie sind eher bereit, andere für sich entscheiden zu lassen, sofern sie dafür Sicherheit geboten bekommen. Beispielsweise in Form eines gesicherten Arbeitsplatzes.

Wofür würden Sie kämpfen?

Träume und Werte beeinflussen unser ganzes Leben bewusst oder unbewusst. Während unsere Träume in den Himmel wachsen, bilden die Werte das Fundament, auf dem wir stehen. Ohne Fundament kein solides Gebäude – und ohne klare Werte keine realistischen Lebensziele!

Viele Leserinnen und Leser dieses Buchs haben wahrscheinlich schon Zieleseminare besucht oder entsprechende Ratgeber gelesen. Sie haben gelernt, dass sie alle Ziele aufschreiben müssen. Vielleicht haben sie ihre Ziele trotzdem nicht erreicht und nach einiger Zeit frustriert aufgegeben. Ein möglicher Grund dafür ist, dass sie vor der Zielsetzung ihre Werte nicht ausreichend geklärt hatten. Werte sind tief verwurzelte Ansichten über das, was uns wichtig und wertvoll ist. Diese Ansichten speisen sich aus vielen Quellen. Schon in der Kindheit entwickeln wir erste Wertvorstellungen. Unsere Eltern und unser weiteres soziales Umfeld haben einen großen Einfluss darauf. Später im Leben entdecken wir immer mehr, was für uns persönlich am meisten zählt.

Die Zielesetzung scheitert, wenn die Werte nicht passen

Je nach Lebensabschnitt können sich unsere Wertvorstellungen in gewissem Maße verlagern und verändern. Wir planen und steuern unser

Verhalten jedoch stets auf der Basis unserer Werte. Sie bilden die Grundlage unseres Handelns. Wir können uns als Menschen am besten entfalten, wenn wir uns unserer persönlichen Werte bewusst sind. Aber wie kommen wir ihnen auf die Spur? Was gibt uns Klarheit über unsere wichtigsten Werte? Am besten nähern wir uns unseren Werten indirekt. Im folgenden Abschnitt finden Sie dazu eine etwas drastische, aber geniale Übung!

Schritt 1: Mit Ihren Werten Kontakt aufnehmen

Der größte Wert sind immer Sie selbst. Sie sind ein wert-voller Mensch, so wie Sie geschaffen sind. Deshalb verdient auch alles, was Ihnen wirklich und endgültig wichtig ist, Anerkennung und Respekt. Es gibt keine besseren oder schlechteren Werte, sondern nur Werte, die zu Ihrer Persönlichkeit gehören. Öffnen Sie sich zunächst für die Vorstellung, dass Sie einzigartig und unendlich wertvoll sind und es niemandem zusteht, von außen zu bewerten, was Ihnen heilig ist. Als ich noch Verkaufstrainings machte, da habe ich manchmal vor der Gruppe eine Hunderter-Banknote zerknüllt und die Teilnehmenden dann gefragt: »Ist der Schein jetzt weniger wert?« Die Antwort lautete natürlich Nein. Dann habe ich den Schein auf den Boden geworfen, darauf getreten und nochmals gefragt: »Ist der Schein jetzt weniger wert?« Nein. Am Schluss habe ich gefragt, ob den Schein jetzt noch jemand haben möchte – und es hat sich immer ein Abnehmer gefunden! So ist es auch im Leben: Wir werden zerknüllt und getreten, aber wir behalten unseren Wert. Und mit unserem Wert auch unsere Werte. Mag das Selbstwert-gefühl auch zwischendurch einmal sinken.

Jeder Mensch ist wertvoll – mit seinen ganz eigenen Werten

Seien Sie selbstbewusst und schauen Sie sich Ihre persönlichen Werte genau an. Erste Hinweise auf Ihre Werte erhalten Sie, wenn Sie sich fragen: Was regt mich auf? Zum Beispiel, wenn Sie Zeitung lesen oder im Fernsehen die Nachrichten schauen. Regt Sie ein Anschlag auf den Frieden auf? Oder die Ankündigung der nächsten Steuererhöhung? Oder eine Heimniederlage Ihrer Sportmannschaft? Wo Sie sich aufregen, da sind garantiert Ihre Werte berührt. Das gilt erst recht im Geschäftsleben,

Was Sie aufregt, hat mit Ihren Werten zu tun

wenn Sie mit Mitarbeitern, Kunden und Partnern umgehen. Vor allem das, was Sie nicht bloß ärgert, sondern regelrecht kämpferisch werden lässt, führt Sie zu Ihren Werten.

Wo Sie sich aufregen und wo Sie kämpferisch werden, da sind Ihre Werte berührt. Beobachten Sie sich einmal eine Weile selbst. Sie können viel über sich erfahren!

Die großartige Trainerin Vera F. Birkenbihl (1946–2011) soll sinngemäß gesagt haben: »Wir sollten den Tod öfter um Rat fragen, denn er ist nicht nur der beste Lebensberater, sondern auch noch der billigste.« Spätestens im Angesicht des Todes wird uns klar, was uns wirklich wichtig ist. In der folgenden Übung stellen Sie sich deshalb einmal vor, Ihr Leben sei bereits vorbei. Es kann gut sein, dass Sie diese Übung schon einmal gemacht haben. Sie ist nicht neu und mittlerweile fast ein Klassiker unter den Coaching-Übungen. Sagen Sie deshalb bitte nicht: »Kenne ich schon.« Sondern lassen Sie sich auf die Übung ein. Es ist die beste Übung, die ich kenne, um mit unseren Werten in Kontakt zu kommen.

Übung 5.1 Drei Reden bei Ihrer Beerdigung

Stellen Sie sich vor, Sie sind vor zwei Tagen gestorben. Ihr Wirken auf dieser Erde ist endgültig zu Ende. Heute um 10 Uhr ist Ihre Beerdigung. Von einem geheimen Ort aus können Sie Ihre Beerdigung beobachten und hören, was gesprochen wird. Mit einer seltsamen Mischung aus Interesse, Befremden und Traurigkeit hören Sie, wie drei Personen eine Grabrede auf Ihr Leben halten: Es ist jemand aus Ihrer Familie, eine Person aus Ihrem beruflichen Umfeld (Mitarbeiter, Kunde, Berufskollege) sowie ein guter Freund bzw. eine gute Freundin. Wählen Sie zunächst die drei Personen aus. Schreiben Sie dann drei Grabreden in Ihr Notizbuch oder auf das Übungsblatt von meiner Website:

1. Was sagt der oder die Angehörige über Sie?
2. Was sagt die Person aus dem beruflichen Umfeld?
3. Was sagt schließlich Ihr Freund bzw. Ihre Freundin?

Tipps und Hinweise zur Übung: *Denken Sie auch bei dieser Übung nicht lange nach, sondern notieren Sie das, was Ihnen spontan in den Sinn kommt. Bewerten Sie nicht, was Ihnen einfällt, sondern schreiben Sie es einfach hin. Die Auswertung kommt später.*

Einmal habe ich in einem Seminar einen Teilnehmer erlebt, der bei dieser Übung zunächst blockiert war. Die Übung war ihm zu drastisch. Tatsächlich ist diese Übung sehr direkt. Ich konnte den Teilnehmer schließlich überzeugen, die Übung ganz nüchtern als ein sehr wirksames Instrument zu sehen. Wenn wir uns fragen, was wir am Ende unseres Lebens gerne über uns hören würden, gelangen wir ohne Umwege zu unseren Werten.

Den Werten entsprechend leben

Als der Geschäftsführer eines Betriebs vor einigen Jahren in einem meiner Seminare diese Übung gemacht hatte, holte er sein Zeitplanbuch hervor und blätterte langsam darin. Gedankenverloren starrte er auf die Seiten mit seinen Terminen und blätterte ohne Unterbruch in der Agena. Ich sprach ihn darauf an, und er sagte:

Meine beiden Töchter haben die Grabrede über mich gehalten und mich darin sehr gelobt. Am Ende wurde meine jüngere Tochter traurig. Ich hörte sie sagen: »Aber er hatte nie Zeit für uns.« Jetzt schaue ich in meinen Terminkalender und sehe: Es stimmt. Da sind Woche für Woche lauter Termine. Termine mit meinen Vertriebsleuten, Ausschusssitzungen, Kundenbesuche und so weiter. Alle diese Menschen würden auch ohne mich auskommen. Nur meine Töchter haben nur einen Vater.

Wie Sie sehen, kann uns diese Übung ganz schön ins Nachdenken bringen. Diesem Unternehmer wurde plötzlich klar, welch wichtiger Wert die Familie für ihn war. Und wie sehr er diesen Wert vernachlässigte. Er zog übrigens gleich Konsequenzen: Ab sofort trug er jede Woche einen festen Termin mit seinen Töchtern in den Kalender ein.

Schritt 2: Ihre Werte erkennen und genau benennen

Es gibt unterschiedliche Ebenen von Werten. Da sind zunächst Werte, die den Sitten und Gebräuchen und der politischen Ordnung einer Gesellschaft entsprechen. Sie übernehmen diese Werte, ohne groß darüber nachzudenken. Wenn Sie wie ich in Österreich leben – oder anderswo in Westeuropa –, dann sind beispielsweise Berufsfreiheit oder Meinungsfreiheit für Sie selbstverständlich. Die große Mehrheit der Bürger in unseren Breiten identifiziert sich mit den demokratischen Grundwerten. Im deutschsprachigen Raum zählen darüber hinaus zum Beispiel auch Pünktlichkeit und Zuverlässigkeit zu den allgemein anerkannten Werten. Das alles ist die erste Ebene der Werte. Wichtiger für unsere Entwicklung sind unsere persönlichen Werte. Sie bilden die zweite Ebene und sind von Mensch zu Mensch verschieden. Dem einen Menschen ist Familie wichtiger als Karriere. Für einen anderen ist Sport wichtiger als Gemütlichkeit. Unter diesen Werten haben wir alle dann noch ungefähr vier Kernwerte. Sie bilden die dritte Ebene. Hier geht es um das, was wir bis zum Tod verteidigen würden.

Drei Ebenen von Werten

Für ein außergewöhnlich erfülltes und erfolgreiches Leben ist es nötig, sich auf der zweiten und dritten Ebene so weit wie möglich frei zu machen von den Wertvorstellungen anderer. Leider habe ich schon viele Unternehmer und Selbstständige kennengelernt, die nicht fest auf dem Boden ihrer persönlichen Werte stehen. Sie orientieren sich an dem, was ihre Eltern, ihre Lehrer und Ausbilder, ihr Mentor, ihre ehemaligen Vorgesetzten, ihre Mitbewerber in der Branche oder ihre wichtigsten Kunden für richtig hielten und halten. Sie wollen es immer anderen recht machen, weil sie nie herausgefunden haben, was ihnen selbst wirklich wichtig ist. So sorgen sie die ganze Zeit bloß für den Erfolg anderer. In diesem Abschnitt geht es darum, Ihre ganz persönlichen Werte zu erkennen. Schauen Sie sich dazu zunächst noch einmal Ihre drei Grabreden an.

Machen Sie sich frei von den Wertvorstellungen anderer!

Übung 5.2 Ihre Werte aus den drei Grabreden

In Übung 5.1 haben Sie drei kurze Ansprachen für Ihre eigene Beerdigung geschrieben. Lesen Sie diese Texte noch einmal durch und unterstreichen Sie alles, was ein Hinweis auf Ihre Werte sein könnte. Notieren Sie anschließend am Rand, wie dieser Wert heißt. Beispiel: Einer Ihrer Grabredner hat gesagt, dass Sie immer da waren, wenn man Sie brauchte. Dahinter könnte »Hilfsbereitschaft« als Wert stehen. Oder: Ihr Kind sagt, Sie seien immer eine gute Mutter bzw. ein guter Vater gewesen. Das könnte »Fürsorglichkeit« als Wert bedeuten.

Tipps und Hinweise zur Übung: *Es ist nicht wichtig, dass Sie Ihre Reden treffend analysieren. Notieren Sie einfach, welche Werte Ihnen spontan einfallen, während Sie die drei Texte noch einmal lesen. Wenn Sie eine Hilfestellung möchten, dann stellen Sie sich immer wieder die Frage: Wie erscheine ich hier? Beantworten Sie diese Frage zunächst mit Eigenschaftswörtern (Adjektiven), also z. B. »hilfsbereit« oder »fürsorglich«. Wenn Sie aus diesen Adjektiven anschließend Hauptwörter (Substantive) machen, haben Sie Begriffe für Ihre Werte: »Hilfsbereitschaft«, »Fürsorglichkeit« und so weiter.*

Sich selbst treu bleiben

John Izzo hat für sein lesenswertes Buch »Die fünf Geheimnisse, die Sie entdecken sollten, bevor Sie sterben« mehr als 200 Menschen über sechzig befragt. Es sind Ältere, von denen andere behaupten, dass sie ein glückliches und erfülltes Leben hatten und eine gewisse Weisheit erlangt haben. Dann hat er versucht herauszufinden, was diese Menschen gemeinsam haben. So ist er auf die »fünf Geheimnisse« gestoßen. Das erste davon lautet: »Seien Sie sich treu.« Auf alle die »weisen Älteren« trifft zu, dass sie immer zu ihren persönlichen Werten gestanden haben. Beispiele dafür sind auch wichtige Persönlichkeiten der jüngeren Zeitgeschichte wie Nelson Mandela oder Martin Luther King. Auch sie sind für ihre Werte eingestanden und haben dafür sogar ihr Leben riskiert. John Izzo sagt, dass wir uns deshalb frühzeitig und regelmäßig die Frage stellen sollten: »Ist mein Leben nach den Dingen ausgerichtet, die mir wirklich wichtig sind?« Die folgende Übung hilft Ihnen, diese Dinge noch genauer zu erkennen.

Übung 5.3 Auswahl aus der Werteliste

Welche Werte gibt es überhaupt und welche sind Ihnen wirklich wichtig? Um das zu entscheiden, finden Sie in Anhang A eine Liste mit Werten. Sie können diese Liste auch als Übungsblatt unter www.wolfgangallgaeuer.com/buch herunterladen. Nehmen Sie einen Stift zur Hand und markieren Sie im ersten Schritt alle Werte, die Ihnen wichtig sind, mit einem Kreuz (X). Wählen Sie dann aus allen angekreuzten Werten mit einem Textmarker Ihre zehn wichtigsten Werte aus!

Tipps und Hinweise zur Übung: *Sie können auch den ersten Schritt mit dem Textmarker machen und dann unter den markierten Werten die zehn wichtigsten mit einem Stift einkreisen. Seien Sie auf jeden Fall spontan! Kein langes Grübeln! Das ist das Wichtigste. Denn wenn Sie grübeln, kommen ganz schnell wieder die Werte anderer ins Spiel. Hier geht es um die zehn wichtigsten Werte für Sie ganz persönlich.*

Haben Sie Ihre zehn wichtigsten Werte herausgefunden? Dann haben Sie einen großen Schritt gemacht. Unsere Werte sind wie ein Kompass, nicht nur im Business, sondern in unserem gesamten Leben. Wenn Sie sich als Unternehmer oder Selbstständiger Ihrer Werte bewusst sind, dann haben Sie in allen Situationen eine klare Richtschnur für Ihr Handeln. Mehr noch: Sobald Sie Ihre Werte selbstbewusst nach außen tragen, wie es alle überragenden Unternehmerpersönlichkeiten tun, ziehen Sie Kunden, Partner und neue Mitarbeiter magisch an.

Werte als Kompass und Richtschnur für Handlungen

Menschen mit denselben Werten verstehen einander oft blind. Aber Achtung: Es kommt nicht nur auf Ihre wichtigsten Werte an, sondern auch auf deren Reihenfolge! Was ist Ihr allerwichtigster Wert? Welche sind Ihre vier Kernwerte? Im Konfliktfall orientieren Sie sich an Ihren obersten Werten und nicht an den nachgeordneten. Im letzten Abschnitt dieses Kapitels finden Sie heraus, welche Prioritäten Sie bei Ihren wichtigsten Werten setzen.

Schritt 3: Ihre wichtigsten Werte in eine Rangfolge bringen

Einmal hat ein Ehepaar eines meiner Seminare nach neun Jahren wiederholt. Die beiden konnten sich an ihre ursprünglichen Ergebnisse nicht mehr genau erinnern. Erst nach dem zweiten Seminar haben sie die Resultate von damals und heute verglichen. Da stellten sie überrascht fest, dass sich ihre Lebensziele stark verändert hatten, ihre Werte aber genau dieselben geblieben waren. Dieser Fall ist typisch. Unsere wichtigsten Werte bleiben im Laufe unseres Erwachsenenlebens ziemlich konstant. Ebenso charakteristisch ist jedoch, dass sich Prioritäten verschieben können. Bei den meisten Menschen treten im Lauf des Lebens Werte des »Habens« in den Hintergrund und Werte des »Seins« in den Vordergrund. Für junge Selbstständige um die dreißig zum Beispiel stehen oft »Erfolg« oder »Geld« als Werte ganz oben. Mit sechzig sind die Lebensleistung und das Geld dann nicht etwa unwichtig. Aber Werte wie »Beziehungen« oder »Sinn« sind wichtiger geworden.

Neue Prioritäten trotz konstanter Werte

Ihre vier wichtigsten Werte

Übung 5.4 **Die Hierarchie Ihrer wichtigsten Werte**

Schreiben Sie Ihre zehn wichtigsten Werte aus Übung 5.3 einzeln auf kleine Zettel. Am besten nehmen Sie Klebezettel (»Post-its«). Sortieren Sie die Zettel so lange, bis Sie eine Reihenfolge nach Ihren persönlichen Prioritäten haben. Das ist Ihre Wertehierarchie. Schreiben Sie Ihre Werte nun in dieser Reihenfolge in Ihr Notizbuch oder auf das Übungsblatt von meiner Website.

Tipps und Hinweise zur Übung: *Bringen Sie die Zettel am besten zunächst intuitiv in eine vorläufige Reihenfolge. Wenn Sie unsicher sind, wo ein einzelner Wert hingehört, dann vergleichen Sie ihn mit allen anderen Werten: Wichtiger oder unwichtiger? Wiederholen Sie das mit allen Werten, bei denen Sie noch nicht ganz sicher sind. So kommen Sie auf die endgültige Reihenfolge.*

In unserer Wertehierarchie kommt den obersten vier Werten eine ganz besondere Bedeutung zu. Das sind jene Werte, die wir bis aufs Blut verteidigen würden. Beim einen Menschen mögen das nur drei Werte sein, beim anderen fünf. Nach meiner Erfahrung sind es meistens vier. Bei unseren Kernwerten ist die Reihenfolge nun enorm wichtig. So wichtig, dass es zwischen Menschen mit exakt denselben vier Kernwerten trotzdem zu Wertekonflikten kommen kann.

Dazu ein Beispiel: Ein Ehepaar mit schulpflichtigen Kindern lebt in Norddeutschland. Der Mann ist Franchisenehmer bei einer globalen Vertriebsorganisation. Die Frau arbeitet von zu Hause freiberuflich als Übersetzerin. Beide haben exakt dieselben vier Kernwerte, jedoch in umgekehrter Reihenfolge. Beim Mann lautet die oberste Wertehierarchie: Zielbewusstsein, Geld, Bildung, Familie. Bei der Frau dagegen ist es: Familie, Bildung, Geld, Zielbewusstsein.

Mann	**Frau**
1. Zielbewusstsein	1. Familie
2. Geld	2. Bildung
3. Bildung	3. Geld
4. Familie	4. Zielbewusstsein

Dieselben Kernwerte bei einem Ehepaar, jedoch in umgekehrter Reihenfolge: Da schlummert Konfliktpotenzial.

Der Mann hat nun die Chance, eine größere Verkaufsniederlassung in Basel zu übernehmen. Er ist sofort begeistert. Es ist das nächste große Ziel (Wert 1). In der Schweiz macht er mehr Umsatz (Wert 2). Für die Kinder gibt es dort sehr gute Schulen (Wert 3). Und seine Frau kann von überall aus arbeiten (Wert 4). Die Frau sieht dagegen große Probleme: Die Kinder werden aus ihrem Freundeskreis gerissen (Wert 1 wird verletzt) und sie fallen durch den Umzug in der Schule zurück (Wert 2 wird verletzt). Trotz identischer Kernwerte kommt es zum Konflikt. Weil die Hierarchie jeweils anders aussieht!

Übung 5.5 Was bedeuten Ihre wichtigsten Werte?

Nehmen Sie jetzt Ihre vier wichtigsten Werte. Schreiben Sie diese in Ihr Notizbuch oder auf ein Übungsblatt. Überlegen Sie jetzt, was Ihnen diese vier wichtigsten Werte konkret und in der Praxis bedeuten. Schreiben Sie das für jeden einzelnen Wert auf.

Tipps und Hinweise zur Übung: *Sie können für jeden Wert denselben Satz vervollständigen. Also zum Beispiel: »Freiheit bedeutet mir ...« Vervollständigen Sie den Satz immer wieder. Bis Ihnen nichts mehr einfällt. Seien Sie auch hier spontan und notieren Sie Ihre Gedanken, ohne lange zu überlegen.*

Warum der Kompass wichtiger ist als die Uhr

Ein erfolgreiches Leben verläuft von innen nach außen. Werte sind der innere Kompass, der uns immer wieder die Richtung weist. Der Kompass ist wichtiger als die Uhr, denn ich muss erst wissen, wohin ich überhaupt will, bevor es eine Rolle spielt, wie viel Zeit ich habe. In beruflichen wie privaten Partnerschaften sind gemeinsame Werte von entscheidender Bedeutung. Passt ein Ehepaar von den Werten her zusammen? Haben die Mitglieder eines Teams gemeinsame Werte? Stimmt die Wertebasis zwischen Franchisegeber und Franchisenehmer? Je enger und langfristiger die Partnerschaft angelegt ist, desto wichtiger sind gemeinsame Werte. Für eine kurze Zeit lassen sich unterschiedliche Werte überbrücken, ja es kann sogar spannend und inspirierend sein, Menschen mit ganz anderen Werten kennenzulernen. Wenn Sie schon einmal in eine fremde Kultur gereist sind, haben Sie das wahrscheinlich selbst erlebt. Langfristig binden wollen wir uns jedoch nur, wenn das Wertefundament der Partnerschaft stimmt.

So läuft der Laden: Tipps für Teams und Unternehmen

Für welche Werte steht eine Firma? Das hängt nach meiner Erfahrung stark von der Unternehmerpersönlichkeit ab. Welche Werte werden vom Unternehmer oder der Unternehmerin selbst gelebt und anderen vorgelebt? Hier entscheidet sich, wie die Firma wahrgenommen wird. Welche Werte oder Leitsätze auf dem Papier stehen, richtet im Vergleich dazu wenig aus. Ich rate deshalb dem Unternehmer bzw. der Unternehmerin immer, sich die eigenen Werte bewusst zu machen. Im zweiten Schritt können dann gemeinsam mit dem Team die Firmenwerte herausgearbeitet werden.

Die Firmenwerte entscheiden darüber, welche Marktposition Sie einnehmen. Wenn Sie noch niemand kennt, signalisieren Ihre Werte, wo Sie hinwollen. Niemand kann zum Beispiel in seiner Branche zugleich sowohl Qualitäts- und Serviceführer als auch Preisführer sein. Über »Allgäuer Küchen« hieß es früher in Österreich immer: »Ihr seid sauteuer, aber auch saugut.« Wir hatten uns bewusst entscheiden, auf Qualität und Service und nicht auf den Preis zu setzen. Damit haben wir unsere Marke aufgebaut. Auf bestimmte Werte setzen bedeutet, Nein sagen zu können. Wer sich für Qualitäts- und Serviceführerschaft entschieden hat, muss Aufträge ablehnen, wenn der Kunde einen hohen Rabatt zur Bedingung macht.

Wo die Klarheit über die Firmenwerte fehlt, da wird auch im Marketing oft falsch kommuniziert. Als ich auf der Suche nach Franchisenehmern für »olina Küchen« war, habe ich mit mehreren Inhabern von Küchenstudios gesprochen, die sich die ganze Zeit über den Geiz der Kunden beklagten. Sie jammerten, die Preise seien am Boden. Da habe ich mir ihre Prospekte und Inserate zeigen lassen. Und siehe da: Sie machten Werbung ausschließlich über den Preis. Damit zogen sie natürlich Schnäppchenjäger an und keine Kunden auf der Suche nach Qualität. Dieser Widerspruch zu ihren Werten war ihnen überhaupt nicht aufgefallen!

Werte bestimmen die Unternehmensstrategie. Haben Sie sich für bestimmte Werte entschieden, dann sind diese der Kompass für Ihr Unternehmen. Es gibt zum Beispiel Unternehmen, die es ablehnen, in Billiglohnländern produzieren zu lassen. Sie verzichten auf den Kostenvorteil, weil dieses Verhalten ihren Werten widersprechen würde. Solche Unternehmen müssen nun aber auch Kunden finden, die ihre Werte teilen und bereit sind, für Produkte aus heimischer Produktion mehr zu bezahlen. Firmen, die Ihre Werte selbstbewusst nach außen tragen, finden genau die Mitarbeiter, Kunden und Partner, die zu ihren Werten passen. Werte spielen bei der Einstellung und Führung von Mitarbeitern eine große Rolle. Dies wird bei Einstellungsgesprächen und in der Führungspraxis oft unterschätzt.

Hinweis zu Kapitel 6

Die »Fremdeinschätzung Ihrer Talente« (Übung 6.2) braucht ein wenig Vorbereitung. Drei Personen Ihres Vertrauens, die Sie gut kennen, sollen Ihnen ein Feedback zu Ihren Talenten, Fähigkeiten und Stärken geben. Am besten holen Sie Ihre drei Fremdeinschätzungen bereits ein, bevor Sie mit der Lektüre des folgenden Kapitels beginnen. Laden Sie dazu das Übungsblatt »Fremdeinschätzung« von meiner Website herunter. Alternativ können Sie den drei ausgewählten Personen auch auf einem Blatt Papier oder per E-Mail die folgenden Fragen zukommen lassen:

1. Welche Talente, Fähigkeiten und Stärken habe ich deiner Meinung nach?
2. Wofür, glaubst du, wäre ich besonders geeignet?
3. Als was oder wo könntest du mich in deinen kühnsten Träumen sehen?

Lesen Sie Ihre Fremdeinschätzungen unbedingt erst, nachdem Sie Übung 6.1 beendet haben. Bitten Sie deshalb Ihre Vertrauenspersonen, Ihnen die Antworten im verschlossenen Umschlag zukommen zu lassen. Falls Fremdeinschätzungen per E-Mail eingehen, lesen Sie die Mail zunächst nicht. Weitere Tipps und Hinweise finden Sie unter Übung 6.2. Dort sind auch die drei Fragen noch einmal aufgeführt.

Kapitel 6

Das Genie schenkt Gott – aber das Talent ist unsere Sache. *Gustave Flaubert*

Das dritte Holzscheit: Ihre Talente

Manfred Brenner und Simon Thaler machen einen Spaziergang in den Bregenzer Seeanlagen. Ihr Blick schweift weit über den Bodensee – nach Deutschland, in die Schweiz und zurück nach Österreich.

»Ich war wirklich überrascht, auf welche Werte ich gekommen bin«, meint Simon.

»Deine Werte waren immer schon da«, erklärt Manfred. »Du hast sie dir nur nie bewusst gemacht. Jetzt weißt du, auf welchem Fundament du stehst, wenn du Entscheidungen triffst.«

Simon nimmt seine Sonnenbrille ab und blickt Manfred fragend an. »Ist Unternehmersein überhaupt das Richtige für mich? Ich bin mir plötzlich nicht mehr sicher.«

»Diese Frage kannst du nicht allein aufgrund deiner Werte und Träume beantworten«, entgegnet Manfred. »Da musst du dich als Nächstes mit deinen Talenten beschäftigen. Schreibe doch mal alles auf, was du gut kannst, was du gerne tust und vor allem, was dir Freude macht.«

Die eigenen Talente kennen und entsprechend zur Wirkung bringen

Wer außergewöhnlichen Erfolg haben will, muss seine Talente kennen und entsprechend zur Wirkung bringen. Leider kennen die meisten Menschen ihre Schwächen besser als ihre Talente. Wir neigen dazu, uns Kritik sehr zu Herzen zu nehmen und lobende Worte schnell wieder zu vergessen. Viele kennen ihre Talente überhaupt nicht! Zumindest haben sie sich noch nie intensiv damit auseinandergesetzt. Und selbst diejenigen, die ihre Talente kennen, tun sich oft schwer damit, über diese zu reden oder sie vor anderen zu präsentieren. Unternehmer und Selbstständige brauchen jedoch unbedingt Selbstsicherheit. Sonst werden Kunden und Geschäftspartner immer misstrauisch sein. Das Bewusstsein der eigenen Talente und Stärken gibt dem Selbstwertgefühl enormen Auftrieb.

Einmal habe ich an einem Seminar bei dem Kommunikations- und Rhetoriktrainer Gerriet Danz teilgenommen. Die Seminarteilnehmer sollten sich einzeln vor die Gruppe stellen und den Satz vervollständigen: »Ich bin klasse, weil …« Mich hat betroffen gemacht, wie vielen Teilnehmerinnen und Teilnehmern hier die Stimme stockte. Einige waren sogar völlig blockiert und konnten nichts sagen. Entweder, weil sie ihre Talente und Stärken nicht kannten. Oder weil sie nicht den Mut aufbrachten, diese vor anderen selbstbewusst zu präsentieren. Das ist in meinen Augen falsche Scham! Wir haben alle eine einzigartige Kombination aus Talenten, Fähigkeiten und Stärken. Und wir brauchen uns vor niemandem zu schämen, diese zu zeigen.

Sie haben einzigartige Talente. Beschäftigen Sie sich damit! Machen Sie sich Ihre Talente bewusst. Und dann trauen Sie sich, Ihre Talente zu zeigen. Das ist Ihr natürliches Recht.

In einem Wald bei meinem früheren Wohnort Feldkirch gibt es einen Wildpark. Dort war ich früher regelmäßig spazieren. Besonders fasziniert haben mich die Pfauen, die in jedem Frühjahr ihr Rad schlagen. Die Männchen bringen sich vor den Weibchen in Position, schlagen mit einem Rascheln ihr buntes Gefieder auf und schütteln es dann noch ein wenig, damit es umso mehr in der Sonne glänzt. Da habe ich mir oft gesagt: Wie schön wäre es, wenn auch wir Menschen so natürlich und unbefangen vorzeigen könnten, was wir an besonderen Talenten haben. Die Übungen in diesem Kapitel führen Sie zu ihren größten Talenten. Dabei geht es auch um verborgene Talente, die in Ihnen schlummern.

Ihre Talente selbst und durch andere erkennen

Manche Talente zeigen sich schon in der Kindheit und werden von Erwachsenen früh gefördert. So erhielt Wolfgang Amadeus Mozart bereits im Alter von vier Jahren von seinem Vater Unterricht in Klavier, Violine und Komposition. Der fünfjährige Mozart machte sich an erste eigene Kompositionen. Und der sechsjährige trat bereits öffentlich auf. Die meisten Menschen sind jedoch weder solche »Wunderkinder«, noch zeigen sich ihnen und anderen ihre größten Talente sofort. Auch ist es nicht die Regel, dass Eltern die größten Talente ihrer Kinder früh erkennen und fördern. Manchmal haben die Eltern im Gegenteil sogar Erwartungen an ihre Kinder, die deren Talenten überhaupt nicht entsprechen. Die meisten von uns müssen sich deshalb als Erwachsene ihre Talente erst bewusst machen, wenn sie außergewöhnlich erfolgreich sein wollen.

Die meisten Menschen müssen ihre Talente erst erforschen

Ich habe in den vergangenen Jahren viele Bücher studiert, die sich mit Talenten befassen. Fast alle bieten komplizierte psychologische Tests, um jedem Detail der eigenen Begabungen nachzuspüren. Oft habe ich mich gefragt, wie viele Menschen solche Tests überhaupt machen und was sie anschließend mit den Ergebnissen anfangen. Ich bin jedenfalls zu der Überzeugung gelangt, dass es viel einfacher geht. Letztlich tragen wir alle in unserem Herzen, was unsere Talente sind. Denn wir alle wissen, was uns leichtfällt, was wir gerne tun und was uns mit Freude erfüllt. Entspricht das auch wirklich unseren Talenten? Ja, so ist es. Bei meinen Seminarteilnehmern hat es sich immer wieder gezeigt.

Übung 6.1 Selbsteinschätzung Ihrer Talente

Nehmen Sie ein leeres Blatt Papier oder Ihr Notizbuch zur Hand. Schreiben Sie spontan alles auf, was Ihnen zu folgender Frage einfällt:

Was kann ich gut, was tue ich gerne und was macht mir Freude?
Ergänzend können Sie auch noch folgende Frage hinzunehmen: »Was finde ich stark an mir?« Lassen Sie sich für Ihre Antworten mindestens eine halbe Stunde Zeit.

Tipps und Hinweise zur Übung: *Auch bei dieser Übung ist es wichtig, nicht zu grübeln, sondern einfach alles aufzuschreiben, was Ihnen in den Sinn kommt. Beschränken Sie sich auch nicht auf Ihre beruflichen Aufgaben. Es gibt viele Tätigkeiten, die uns leichtfallen, Freude machen und in denen wir auch noch gut sind. Vermeiden Sie es auch, sich mit anderen zu vergleichen. Es geht um das, was Sie gut können, und nicht um das, was Sie besser können als andere.*

Haben Sie alle Talente aufgeschrieben, die Ihnen in den Sinn kommen? Alles, was Sie an sich selbst stark finden? Vielleicht haben Sie dabei ja bereits kleine oder größere Überraschungen erlebt. In meinen Seminaren kommt es immer wieder vor, dass Teilnehmerinnen und Teilnehmer bei dieser Übung Dinge aufschreiben, die mit ihrem aktuellen Beruf nicht so viel zu tun haben. Falls das bei Ihnen auch so ist, nehmen Sie es zunächst einfach hin, ohne es zu bewerten. Ich werde im nächsten Abschnitt noch auf den Unterschied zwischen Talenten, verborgenen Talenten und nutzbaren Stärken eingehen.

Achtung, Überraschungen möglich!

Jetzt ist es erst einmal Zeit für die Fremdeinschätzungen zu Ihren Talenten. Sehen andere Menschen Sie genauso wie Sie selbst sich sehen? Psychologen sprechen hier vom Abgleich zwischen »Selbstbild« und »Fremdbild«. Wenn Sie die folgende Übung bereits vorbereitet haben, sind Sie sicher schon gespannt, was die drei Personen Ihres Vertrauens über Sie geschrieben haben. Jetzt dürfen Sie die Briefumschläge oder E-Mails öffnen! Sollten Sie die Übung noch nicht vorbereitet haben, finden Sie diese nachstehend noch einmal vollständig beschrieben.

Übung 6.2 Fremdeinschätzung Ihrer Talente

Wählen Sie drei Personen Ihres Vertrauens aus. Alle drei sollten Sie gut kennen. Bitten Sie die Personen um eine Einschätzung Ihrer Talente. Laden Sie dazu das Übungsblatt »Fremdeinschätzung« von meiner Website herunter. Alternativ können Sie den drei Personen auch einfach auf einem Blatt Papier oder per E-Mail die folgenden drei Fragen zukommen lassen:

1. Welche Talente, Fähigkeiten und Stärken habe ich deiner Meinung nach?
2. Wofür, glaubst du, wäre ich besonders geeignet?
3. Als was oder wo könntest du mich in deinen kühnsten Träumen sehen?

Wenn Sie alle drei Fremdeinschätzungen beisammen haben, kommt der große Moment: Öffnen Sie die Umschläge bzw. E-Mails. Lesen Sie die Einschätzungen erst einmal in Ruhe durch. Fassen Sie anschließend die Ergebnisse der Fremdeinschätzungen in eigenen Worten schriftlich zusammen. Stichworte genügen. Auch hierfür finden Sie auf meiner Website ein Übungsblatt.

Tipps und Hinweise zur Übung: *Wenn Sie mögen, können Sie wiederum jemanden aus Ihrer Familie, eine Person aus Ihrem beruflichen Umfeld (Mitarbeiter, Kunde, Berufskollege) sowie einen guten Freund bzw. eine gute Freundin fragen. So erhalten Sie ein möglichst breit gefächertes Feedback. Ziehen Sie die Fremdeinschätzungen unbedingt erst hinzu, nachdem Sie mit Ihrer Selbsteinschätzung fertig sind. Besiegen Sie Ihre Neugier! Sie könnten sonst allzu leicht in Ihrer Selbsteinschätzung beeinflusst werden.*

Selbstbild und Fremdbild miteinander vergleichen

Was fällt Ihnen auf, wenn Sie die Selbsteinschätzung und die Fremdeinschätzung Ihrer Talente miteinander vergleichen? Nach meiner Erfahrung ist hier vieles möglich. Es kann sein, dass Ihr Selbstbild und die Fremdbilder sich bis aufs Haar gleichen. In diesem Fall scheinen Sie Ihre Talente anderen deutlich zu zeigen, und das ist gut so. In einer oder mehreren der Fremdeinschätzungen können sich aber auch Hinweise auf Talente finden, die Sie selbst bei sich nie gesehen haben. Diesen Spuren sollten Sie unbedingt nachgehen! Hier könnten Entwicklungspotenziale für Sie schlummern. In seltenen Fällen klaffen Selbsteinschätzung und Fremdeinschätzung weit auseinander. Falls das bei Ihnen so sein sollte, nehmen Sie es als ernst zu nehmenden Hinweis, dass Sie möglicherweise in Ihrem Leben etwas verändern müssen. Egal, wie der Vergleich bei Ihnen ausfällt –

im nächsten Abschnitt lade ich Sie ein, noch ein wenig tiefer zu forschen und sich auf die Suche nach Ihren verborgenen Talenten zu begeben.

Ihre verborgenen Talente und entwickelten Stärken

Viele sagen »meine Stärken«, wenn sie ihre Talente meinen. Das ist nicht ganz korrekt. Talente werden erst zu Stärken, wenn wir sie erkennen und zur Geltung bringen. Jemand kann zum Beispiel noch so sportlich begabt sein – wenn er nie trainiert, wird sein Talent auch nie zu einer echten Stärke. Irgendwann wird er sich einem weniger Begabten, der dafür täglich trainiert, geschlagen geben müssen. Alle unsere Talente müssen trainiert werden wie ein Muskel, damit daraus echte Stärken erwachsen können. Um ein Talent zu trainieren, müssen wir es jedoch zunächst überhaupt als Talent erkennen. Manche Talente schlummern längere Zeit in uns, bevor wir sie uns zum ersten Mal bewusst machen und sie sich dann durch Training in Stärken verwandeln können.

Der Unterschied zwischen Talenten, verborgenen Talenten und Stärken

Verborgene Talente sind Talente, an die Sie entweder vordergründig nicht denken oder die Sie nicht schätzen, weil Sie Ihnen selbstverständlich erscheinen.

Als gelernter Tischler hätte ich früher zum Beispiel niemals gedacht, dass ich einmal auf Businessveranstaltungen vor großem Publikum sprechen würde. »Menschen begeistern« ist ein Talent, das mir als Handwerker noch weitgehend verborgen war. Nachdem ich meine erste Firma gegründet hatte, änderte sich das langsam. Ich merkte, dass ich nicht nur gut Küchen verkaufen, sondern andere auch für meine Ideen begeistern konnte. Im nächsten Schritt stellte ich dann fest, wie leicht es mir fiel und wie viel Freude es mir bereitete, meine Verkäufer zu schulen. Auch die Rückmeldungen, die ich bekam, waren sehr ermutigend. Da war es dann nur noch ein kleiner Schritt zu regelmäßigen Seminaren und schließlich Vorträgen. Heute erlebe ich höchste Glücksgefühle, wenn ein Vortrag gut ankommt und die Leute so richtig mitgehen. Wenn ich mir dann noch die zahlreichen positiven Publikumsreaktionen anhöre, dann weiß ich: Über die Jahre ist aus meinem verborgenen Talent eine echte Stärke geworden. Und diese Stärke bringe ich heute auch zur Geltung und präsentiere sie – beispielsweise auf meiner Website.

Übung 6.3 Drei bewundernswerte Menschen

Welche drei Menschen fallen Ihnen ein, die Sie bewundern oder als Vorbild für sich bezeichnen würden? Denken Sie nicht allzu lange nach. Notieren Sie drei Namen. Beantworten Sie anschließend schriftlich zu jedem der drei bewundernswerten Menschen die folgenden zwei Fragen:

1. Welche Eigenschaften hat dieser Mensch in Ihren Augen?
2. Welche dieser Eigenschaften hätten Sie selbst gerne?

Tipps und Hinweise zur Übung: *Sie können sowohl Menschen auswählen, die Sie persönlich kennen oder kannten, als auch Personen des öffentlichen Lebens, die Sie aus Medienberichten kennen. Verwenden Sie für die Übung ein leeres Blatt Papier, Ihr Notizbuch oder das Übungsblatt von meiner Website.*

Unbewusste Wünsche sind Hinweise auf unbewusste Talente

Wenn wir Menschen bewundern oder als Vorbilder ansehen, so hat das immer Gründe, die mit uns selbst zu tun haben. Typischerweise bewundern wir Menschen für Eigenschaften, die wir selbst gerne hätten. In der Regel machen wir uns das nur nicht bewusst. Diese unbewussten Wünsche sind jedoch oft Hinweise auf eigene unbewusste Talente! Wer zum Beispiel einen Schauspieler bewundert, der könnte sich fragen: Wo hätte ich selbst auch das Zeug zum »großen Auftritt«, statt immer nur im Hintergrund zu bleiben? Das kann auf einer ganz anderen Bühne sein als das Theater oder der Film. Manchmal muss man ein wenig »um die Ecke denken«, um zu verstehen, welche eigenen Talente hinter der Bewunderung für andere Menschen stecken. Als Jugendlicher war mein Lehrmeister für mich ein großes Vorbild. Heute besitze ich selbst manche Eigenschaft, die ich damals an ihm bewundert habe. Beispielsweise die Fähigkeit, einen Plan konsequent umzusetzen und Widerstände zu überwinden.

Übung 6.4 Auswahl aus der Talenteliste

Sie haben nun schon eine ganze Menge Hinweise auf Ihre Talente: Sie wissen, was Sie gut können, was Ihnen leichtfällt und was Ihnen Freude bereitet. Sie haben gelesen, welche Stärken andere Ihnen zuschreiben und was sie Ihnen alles zutrauen. Und Sie haben sich schließlich mit den Eigenschaften von Vorbildern beschäftigt, die Sie selbst gerne hätten. Nicht immer ist es leicht, auf den Punkt zu bringen, was für Talente genau sich hinter alledem verbergen. Deshalb finden Sie in Anhang B auf Seite 191 noch eine Liste mit Talenten. Sie können dieselbe Liste selbstverständlich auch wieder als Übungsblatt herunterladen.

Mithilfe der Talenteliste können Sie sowohl weitere Talente entdecken als auch bisher genannte Talente, Fähigkeiten und Stärken richtig einordnen. Nehmen Sie einen Stift und markieren Sie im ersten Schritt alle Talente, die Ihnen wichtig sind, mit einem Kreuz (X). Wählen Sie dann aus allen angekreuzten Werten mit einem Textmarker Ihre zehn wichtigsten Talente aus.

Tipps und Hinweise zur Übung: *Sie können auch wieder den ersten Schritt mit dem Textmarker machen und dann unter den Markierungen Ihre zehn wichtigsten Talente mit einem Stift einkreisen. Und auch hier gilt: Kein langes Grübeln! Gehen Sie intuitiv und spontan vor!*

Nicht alles, was wir Tag für Tag tun, entspricht unseren Talenten. Ein Talent ist, was wir gerne tun und worin wir gut sind. Auch was wir gerne tun würden oder an anderen bewundern, ist mit ziemlicher Sicherheit ein Talent. Wünsche sind Leuchttürme für Talente! Eine persönliche Stärke ist schließlich ein Talent, das wir konsequent entwickelt haben. Was wir gut können, aber nicht gerne tun, würde ich hingegen nicht als Talent bezeichnen. Dabei handelt es sich lediglich um eine antrainierte Fähigkeit. Leider verbringen viele Menschen relativ viel Zeit mit antrainierten Fähigkeiten. Die Beschäftigung mit ihren wahren Talenten kann da zu schmerzhaften Erkenntnissen füh-

Was wir zwar gut können, aber nicht gerne tun, ist auch kein Talent

ren. Der krasseste Fall, den ich jemals erlebt habe, war eine Teilnehmerin, die nach den Übungen zu ihren Talenten in meinem Seminar unter Tränen beschloss, sich scheiden zu lassen. Ihr war klar geworden, dass sie mit diesem Ehemann niemals ihre wirklichen Talente würde entwickeln können.

Von dem amerikanischen Neurologen Daniel Levitin stammt die sogenannte 10 000-Stunden-Regel. Sie besagt, dass wir eine Tätigkeit mindestens 10 000 Stunden üben müssen, um darin ein echter Meister zu werden. 10 000 Stunden bedeuten etwa 3 bis 4 Stunden am Tag an 300 Tagen im Jahr über zehn Jahre. Bill Gates soll so lange programmiert haben und Andre Agassi so lange auf dem Tennisplatz trainiert haben, bis sie außergewöhnlich erfolgreich wurden.

Bleiben Sie an Ihren Talenten dran! Machen Sie Ihre Talente zu Ihren persönlichen Stärken. Der Weg ist bei jedem Talent derselbe: Üben, üben und nochmals üben!

Einmal hatte ich bei einem Verkaufstraining einen Teilnehmer, der sichtlich unmotiviert war. Ich sprach ihn darauf an, wie lustlos er auf mich wirkte. Da meinte er: »Weißt du, ich bin ein Naturtalent als Verkäufer. Ich brauche keine Trainings. Außerdem bin ich nun schon so lange in dieser Branche, da macht mir keiner mehr etwas vor.« Da fragte ich ihn: »Kannst du dir einen Skispringer vorstellen, der nicht mehr trainiert? Oder einen Konzertpianisten, der nicht mehr übt?« Da wurde der Verkäufer nachdenklich. Denn natürlich ist es undenkbar, dass Spitzensportler nicht mehr trainieren oder professionelle Musiker nicht mehr üben. Da kann das Talent noch so groß sein.

Auch die Talentiertesten müssen immer wieder üben

Wie Ihre wichtigsten Talente Sie einzigartig machen

Aktuell leben über sieben Milliarden Menschen auf der Erde. Alle sind einzigartig. Jeder Mensch hat einen eigenen Fingerabdruck, eine eigene DNS und ein unverwechselbares Stimmmuster. Und jeder Mensch besitzt auch eine unverwechselbare Kombination aus Talenten. Leider trauen sich viele nicht, ihre Talente zu leben. Oder sie vergleichen sich ständig mit anderen. Ich sage: Schluss mit der Gleichmacherei! Vergleichen ist das Ende des Glücks. Es ist unsere Einzigartigkeit, die uns innerlich zufrieden macht und nach außen unseren Marktwert erhöht. Das Besondere ist das Wertvolle. Deshalb sollte jeder Mensch seine Besonderheit zeigen. Selbstständige haben überhaupt keine andere Wahl, als ihre Besonderheit zu entwickeln. Ihre Talente sind wie Ihre persönlichen Kernkompetenzen. Sie machen ihren Marktwert wesentlich aus.

Vergleichen ist das Ende des Glücks

Selbstverständlich hat jeder Mensch nicht nur Talente und Stärken, sondern auch Defizite und Schwächen. Entscheidend ist jedoch, worauf wir unsere Aufmerksamkeit lenken. Denn worauf wir unsere Aufmerksamkeit lenken, das wächst. Beachtung bringt Verstärkung. Wir haben die Wahl, ob wir uns mehr mit unseren Schwächen oder unseren Talenten beschäftigen möchten. Das, wofür wir uns entscheiden, wird unsere Zukunft bestimmen. Ich habe mich klar entschieden: Meine Talente sind wie ein innerer Schatz. Und meine Schätze will ich schätzen! Ich habe Respekt vor dem Wunder, das in mich hineingelegt ist. Ich begegne meinen Talenten mit Achtsamkeit.

Übung 6.5 Ihre vier wichtigsten Talente

Diese abschließende Übung zu Ihren Talenten besteht aus drei Schritten. Schreiben Sie zunächst mindestens zwanzig Talente von sich auf. Dazu können Sie die Ergebnisse aller bisherigen Übungen zu Hilfe nehmen: Ihre Selbsteinschätzung, Ihre Zusammenfassung der Fremdeinschätzungen, die Talente Ihrer drei bewundernswerten Menschen sowie Ihre Auswahl aus der Talenteliste.

Haben Sie zwanzig Talente zusammen? Dann suchen Sie im zweiten Schritt acht Talente aus, die Ihnen am wichtigsten sind. Schreiben Sie diese auf Post-it-Zettel. Sortieren Sie diese Zettel so lange, bis Ihre vier wichtigsten Talente oben stehen. Schreiben Sie im dritten und letzten Schritt diese vier Talente in Ihr Notizbuch oder tragen Sie diese auf dem Übungsblatt ein, das Sie zu dieser Übung herunterladen können.

Tipps und Hinweise zur Übung: *Verwenden Sie für Ihre Talente nach Möglichkeit Tätigkeitswörter (Verben). So drücken Sie Ihre Talente am genauesten aus. Als Hilfestellung können Sie jeweils folgenden Satz vervollständigen: »Ich kann gut …« Lesen Sie sich die jeweiligen Sätze am besten laut vor. Fühlen sie sich stimmig an? Anders als bei Ihren vier wichtigsten Werten ist die Reihenfolge Ihrer vier wichtigsten Talente nicht so wichtig.*

Als ich zum ersten Mal meine vier wichtigsten Talente vor Augen hatte, war ich von einem tiefen Glücksgefühl ergriffen:

Ich bin Wolfgang Allgäuer.
Ich kann gut genießen.
Ich kann gut begeistern.
Ich kann gut praktisch umsetzen.
Ich kann gut kämpfen.

Seine größten Talente zu kennen bewirkt einen enormen Energieschub. Umgekehrt wird sich jemand nie mit vollem Herzen für sein Business begeistern, für den die Selbstständigkeit nur auf antrainierten Fähigkeiten statt auf Talenten basiert.

Leider kommen gerade in Familienbetrieben im Zuge der Unternehmernachfolge so manche auf den Chefsessel, die sich dort gar nicht wohlfühlen können. Ich hatte einmal einen Franchisenehmer in Tirol, der einfach nicht weiterkam. Alle Schulungen und Coachings nützten nichts, da er schlicht nichts umsetzte. Ihm fehlte der innere Antrieb. Bei einer Aussprache erzählte er mir, dass er nie Unternehmer werden wollte. Er hatte die verschuldete Tischlerei seines Vaters nach dessen Tod übernommen und schlug sich damit nun herum. Er wirkte auf mich sehr unglücklich. In einem solchen Fall ist es besser, eine Lösung zu finden, wie man die Selbstständigkeit beenden kann.

Talente sind uns gegeben, um anderen Menschen zu Lebensglück zu verhelfen

Wer der Stimme seines Herzens nicht folgt, wer nicht das tut, was ihm leichtfällt und Freude bereitet, der kann auch für andere nicht alles geben. Doch unsere Talente sind uns nicht nur zum eigenen Genuss gegeben. Das ist meine feste Überzeugung. Das Beste, was wir mit einem Talent machen können, ist, anderen damit zu einem Stück Lebensglück zu verhelfen. Talente wachsen und werden zu persönlichen Stärken, wenn wir sie für andere Menschen einsetzen. Sie nehmen ab, wenn wir sie nur für uns allein behalten. Um anderen zu einem Stück Lebensglück zu verhelfen, müssen wir nicht immer in großen Dimensionen denken. Auch ein Eisverkäufer, der einem Kind mit einem Lächeln eine Eiswaffel überreicht, tut das. Und ich habe mich früher immer von Herzen gefreut, wenn ich einer Kundin zu ihrer Traumküche verhelfen konnte. Unsere Talente zu kennen, ist schließlich wesentlich, wenn wir unsere Ziele erreichen sowie unsere Mission und Vision verwirklichen wollen. Nur was zu unseren Talenten passt, lässt sich auch verwirklichen.

So läuft der Laden: Tipps für Teams und Unternehmen

Die »Talente« eines Unternehmens sind seine Kernkompetenzen. Marktführer werden diejenigen Firmen, die ihre individuellen Stärken kennen und zur Geltung bringen. An den Kernkompetenzen muss ein Unternehmen genauso arbeiten wie ein einzelner Mensch an seinen Talenten. Dabei helfen die gleichen Fragen, die Sie in diesem Kapitel für Ihre Talente kennengelernt haben:

- Was können wir gut?
- Was tun wir gerne?
- Was bereitet uns (und unseren Kunden) Freude?

Eine Alleinstellung ist für jedes Unternehmen unverzichtbar. Denn je vergleichbarer ein Produkt ist, desto entscheidender ist der Preis. Deshalb ist es wichtig, die Kernkompetenzen immer wieder aufzuzeigen und zur Geltung zu bringen. Die Firma als ganze muss dies noch viel aktiver tun als der Unternehmer persönlich. Fragen Sie sich gemeinsam mit Ihrem Team: Wo liegen unsere größten Stärken? Worin sind wir einzigartig? Haben Sie Mut zur Andersartigkeit! Ich bin davon überzeugt, dass jedes Unternehmen einzigartige Stärken hat, gewissermaßen seinen eigenen Fingerabdruck. Diesen gilt es am Markt sichtbar zu machen. Das ist das Entscheidende.

Die erfolgreichsten kleinen und mittelständischen Unternehmen haben ein einmaliges, unverwechselbares Unternehmensprofil entwickelt. Sie haben dafür dann eine Marktnische gefunden. Und sie sind schließlich in ihrer Nische die Nummer eins geworden. Wenn Sie sich auf diesen Weg machen wollen, dann hören Sie als Erstes auf, sich ständig mit Ihrer Konkurrenz zu beschäftigen. Fragen Sie stattdessen nicht nur sich selbst, sondern auch Ihre Mitarbeiter und Kunden, was Ihre Firma einzigartig macht. Entwickeln Sie Ihre gesamte Strategie aus dem Kern Ihrer Einzigartigkeit. So machen es die Besten der Besten.

Wenn es keine Vision mehr gibt von etwas Großem, Schönem, Wichtigem, dann reduziert sich die Vitalität und der Mensch wird lebensschwächer. *Erich Fromm*

Das vierte Holzscheit: Ihre Energiequellen

Beate Thaler hat Käsespätzle mit Röstzwiebeln und Salat zubereitet. Ihr Mann Simon stochert lustlos auf seinem Teller herum. Manfred Brenner lässt es sich sichtlich schmecken. Nach Geschäftsschluss hat Beate den Coach ihres Mannes noch in ihre neue Küche eingeladen.

»Ist ja alles schön und gut«, beschwert sich Simon auf einmal. »Jetzt kenne ich meine Träume und meine Werte. Talent zum Unternehmer scheine ich auch zu haben. Was soll das? Wir haben jetzt 22 Uhr, und ich habe immer noch nicht alles geschafft. Die Kinder sind wieder mal alleine ins Bett. Beim Sport war ich heute Abend auch nicht …«

Beate schaut Manfred an: »So motzt er seit zwei Wochen.«

»Seit ich das überflüssige Zeitmanagementseminar besucht habe«, regt Simon sich auf. »Das war reine Geldverschwendung. Ich habe immer noch keine Zeit.«

»Soll ich dazu eventuell etwas sagen?«, fragt Manfred gut gelaunt und nimmt noch einen Schluck Weißwein.

»Sprich, großer Meister!«, antwortet Simon ironisch.

»Du hast kein Zeitproblem, sondern ein Energieproblem. Deine Energiebilanz stimmt nicht. Lass deine Energiequellen mehr sprudeln und reduziere die Energieräuber.«

Auch kerngesunde Menschen fühlen sich oft energielos. Das gilt ganz besonders für Unternehmer und Selbstständige. Praktisch alle selbstständig Arbeitenden nehmen sich mehr vor, als sie überhaupt schaffen können. Außerdem werden sie ständig von Kunden und Mitarbeitern gefordert. Bestehende Aufträge müssen zügig abgearbeitet werden, während der Akquisedruck schon wieder steigt. Dann soll auch noch die Familie zu ihrem Recht kommen. Von Hobbys und Interessen ganz zu schweigen. Wie soll man das bloß alles unter einen Hut bringen? Ständig fordern die anderen Aufmerksamkeit und beanspruchen Zeit für ihre Belange. Sie schicken frühmorgens E-Mails oder rufen zum unpassendsten Zeitpunkt an. Von freundlichen Bitten über Beschwerden bis hin zu Hiobsbotschaften haben sie alles im Programm.

Wenn die Zeit nicht reicht

Viele suchen den Ausweg in Zeitmanagement. Fast alle Unternehmer, die ich kenne, haben schon einmal ein Zeitmanagementseminar besucht. Das ist auch ganz richtig so. Zeitplanung und Termineinteilung sind Fähigkeiten, die jeder Unternehmer und Selbstständige unbedingt beherrschen sollte. Doch wer nicht genug Energie hat und dann durch Zeitmanagement seine Situation verbessern will, der wird enttäuscht werden. Nicht nur unsere Zeit ist begrenzt, sondern auch unsere Energie. Und das übersehen viele. Wir wissen alle, dass wir unser Mobiltelefon regelmäßig aufladen oder unser Auto auftanken müssen. Bei uns selbst vergessen wir das »Auftanken« gerne. Da hilft Zeitmanagement dann auch nicht weiter.

Nicht nur unsere Zeit ist begrenzt, sondern vor allem unsere Energie

Energiemanagement ist wichtiger als Zeitmanagement. Denn von unserer Lebensenergie hängt ab, ob wir die Zeit überhaupt nutzen können. Beschäftigen Sie sich deshalb immer zuerst mit Ihrer Energie. Danach planen Sie Ihre Zeit entsprechend.

Lassen Sie mich an einem einfachen Beispiel veranschaulichen, warum Energiemanagement wichtiger ist als Zeitmanagement. Angenommen, Sie sind selbstständig und wissen aus Erfahrung, dass Sie für eine bestimmte Aufgabe ungefähr zehn Stunden Zeit benötigen. Diese zehn Stunden planen Sie nun für die nächsten Tage ein. Jetzt erleben Sie zwei energielose Tage. Sie können sich überhaupt nicht konzentrieren und brauchen fünfzehn statt zehn Stunden für die Aufgabe. Sie werden nicht wie geplant fertig, müssen also nacharbeiten und geraten in Stress.

Einige Zeit später planen Sie für dieselbe Aufgabe wieder zehn Stunden ein. Dann strotzen Sie aber vor Energie und schaffen die Aufgabe in sieben Stunden. Kommt Ihnen so etwas bekannt vor? Zeitmanagement berücksichtigt nicht, in welchem energetischen Zustand Sie gerade sind. Dieser Zustand ist jedoch die Basis für jede Zeitplanung.

Wie unsere Gewohnheiten den Energielevel bestimmen

Unser Energiehaushalt schwankt. Eigentlich merken es alle, doch viele machen es sich nicht bewusst. Mal sprudeln wir vor Energie und mal haben wir Durchhänger. Das ist der Normalzustand gesunder Menschen. Wer ständig unter Energiemangel leidet, der sollte zunächst zum Arzt gehen und seinen Gesundheitszustand überprüfen lassen. Doch auch als gesunder Mensch können Sie Ihren Energiehaushalt verbessern. Vielleicht nicht von heute auf morgen, aber Schritt für Schritt. Dazu müssen Sie sich zunächst klar werden, welche Faktoren Sie beeinflussen können und welche nicht. Wenn Sie wetterfühlig sind oder die Mondphasen spüren, dann können Sie natürlich weder das Wetter noch die Planeten beeinflussen. Die wenigsten Menschen sind sich jedoch bewusst, in welch hohem Maß sie ihren energetischen Zustand durch ihr eigenes Denken und Handeln bestimmen. Wir holen uns die Energieräuber selbst ins Haus! Deshalb können wir sie auch wieder entlassen und durch Energiespender ersetzen.

Die erste Stellschraube für den Energiehaushalt sind unsere Gewohnheiten. Positive Gewohnheiten sorgen dafür, dass unsere Batterien sich aufladen. Negative Gewohnheiten kosten uns Energie und bremsen uns immer wieder. Als meine Tochter Karin vor einigen Jahren als alleinerziehende Mutter vier Kinder versorgen musste, verbrauchte sie sehr viel Energie. Meine Frau half ihr deshalb regelmäßig und passte auf die Kinder auf, damit Karin Zeit für sich hatte und ihre Batterien aufladen konnte. Sie joggte dann anderthalb Stunden durch die Natur. Wenn ich einmal mit dabei war, konnte ich sehen, dass sie wie ein anderer Mensch aus dem Wald zurückkam. Ihre Augen leuchteten und sie war wieder voller Tatkraft. Sportliche Bewegung in der Natur ist für sie eine der besten Energiequellen.

Positive Gewohnheiten laden unsere Batterien auf

Übung 7.1 **Ihre positiven und negativen Gewohnheiten**

Schreiben Sie drei Gewohnheiten auf, die Ihr Leben und Ihren Erfolg schon einmal negativ beeinflusst haben. Was bremst Sie immer wieder? Über welche Verhaltensmuster ärgern Sie sich stets im Nachhinein? Anschließend schreiben Sie sechs gute Gewohnheiten auf, die schon einmal einen positiven Einfluss auf Ihr Leben und Ihren Erfolg hatten. Was kann Ihnen zu Erfolg verhelfen? Wonach fühlen Sie sich frisch und voller Tatendrang? Auch für diese Übung können Sie wieder ein Übungsblatt von meiner Website herunterladen.

Tipps und Hinweise zur Übung: *Bei dieser Übung ist es wichtig, dass Sie ehrlich zu sich selbst sind. Schreiben Sie Ihre negativen Gewohnheiten auf, auch wenn es Ihnen schwerfällt, sich diese einzugestehen. Notieren Sie auf der anderen Seite das, was Ihnen wirklich Energie spendet, und nicht das, was Wunschbildern wie z. B. dem des »dynamischen Unternehmers« entspricht. Schreiben Sie also nicht »Sport«, wenn Sie eher unsportlich sind und sich beim Mittagsschlaf viel besser erholen als beim Joggen. Sie können auch die Tabelle auf S. 88 mit möglichen positiven und negativen Gewohnheiten zu Hilfe nehmen.*

Weder positive noch negative Gewohnheiten sind bei allen Menschen gleich. Es gibt zum Beispiel Sportbegeisterte und Sportmuffel. Der eine Mensch geht gerne in eine Sauna oder Therme, dem anderen wäre dort einfach nur langweilig. Selbst ein und dieselbe Gewohnheit kann in unterschiedlicher Ausprägung Energie spenden oder rauben. Manche Leute joggen oder schwimmen gerne früh am Morgen und fühlen sich dann fit für den Tag. Andere würden sich damit morgens schon auspowern und gehen lieber abends zum Sport. Das wiederum können die Frühsportler nicht verstehen. Sie fragen sich: Wie kann man sich abends noch so anstrengen? Beschäftigen Sie sich einfach ein wenig mit Ihren Gewohnheiten. Spüren Sie genauer hin als bisher. Wo verlieren Sie Energie und wo tanken Sie auf? Die folgende Tabelle zeigt Ihnen einige typische Energiespender und Energieräuber.

Typische Energiespender	Typische Energieräuber
In die Natur gehen	Fernsehen oder Internetsurfen
Sportliche Betätigung	Negatives Reden / Kritik
Beziehungen pflegen	Zu wenig oder zu viel Schlaf
Beschäftigung mit Tieren	Bewegungsmangel
Meditation	Belastende Beziehungen
Zukunftsträume	Schweres (ungesundes) Essen
Erfolgserlebnisse erinnern	Unerledigte Aufgaben
Wasser trinken	Zu viel Alkohol trinken

Energiespender und Energieräuber sind individuell verschieden. Die Tabelle zeigt einige typische Beispiele.

Es dauert drei Monate, um eine Gewohnheit zu verändern

Gewohnheiten sind – wie der Name schon sagt – das, was wir uns über einen längeren Zeitraum angewöhnt haben. Sie lassen sich deshalb auch nicht von heute auf morgen verändern. Experten sagen, dass es rund drei Monate dauert, um eine Gewohnheit dauerhaft zu verändern. Egal, ob wir eine negative Gewohnheit loswerden oder eine positive Gewohnheit einüben wollen. Sie brauchen also ein wenig Geduld, um Schritt für Schritt negative durch positive Gewohnheiten zu ersetzen. Auch ich bin immer noch dabei, an mir zu arbeiten. So erwische ich mich regelmäßig, wie ich doch wieder zu viel fernsehe und mich hinterher ausgelaugt fühle. Dafür habe ich mir vorgenommen, mehr Zeit mit meinen Enkeln zu verbringen. Die vier Kinder gehen noch »ungefrustet« und mit einem ansteckenden Bewegungsdrang durchs Leben. Manchmal verbringen die Jungs ganze Tage auf dem Skaterplatz, nur von einem schnellen Mittagessen unterbrochen. Abends sind sie immer noch nicht müde. Wenn ich das miterlebe, wird mir wieder bewusst, wie viel Energie wir Menschen von Natur aus haben. Viele schneiden sich als Erwachsene mehr und mehr von ihrer Energie ab. Nicht nur durch negative Gewohnheiten, sondern bereits durch ihre Art zu denken.

Die Macht der Gedanken: Glaubenssätze und Energie

Manche Menschen können sich selbst und ihre Situation so richtig schlechtreden. Sie spüren wenig Energie. Durch Jammern und Klagen sowie Kritik an sich und anderen regeln sie ihren energetischen Zustand noch weiter nach unten. Anderen gelingt genau das Gegenteil: Sie haben ein energetisches Tief, aber sie wissen, wie sie sich jetzt selbst Mut machen. Zum Beispiel, indem sie sich schwierige Situationen in Erinnerung rufen, die sie bereits erfolgreich gemeistert haben. Oder indem sie sich mit ihren Träumen beschäftigen. So drehen sie die Spirale langsam wieder nach oben.

Sich durch gute Gedanken selbst Mut machen

Alles im Leben beginnt in Gedanken. Aus Gedanken werden Gefühle, aus Gefühlen Worte, aus Worten Handlungen und aus Handlungen schließlich Ergebnisse. Über diese Ergebnisse machen wir uns Gedanken und setzen so das Rad erneut in Bewegung. Es ist ein Erfolgsrad, wenn es sich vorwärts dreht. Und es ist eine Abwärtsspirale, wenn es sich in die negative Richtung dreht.

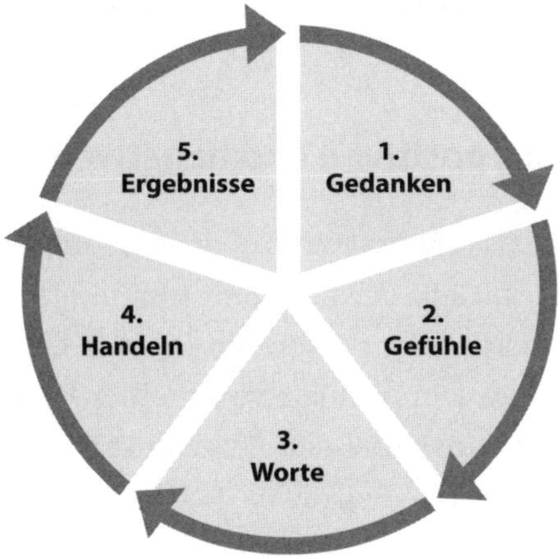

Gedanken sind der Anfang von allem. Über Gefühle, Worte und Handlungen werden daraus Ergebnisse. Diese erzeugen neue Gedanken. Sind die Gedanken positiv, so entsteht ein »Erfolgsrad«.

Positiv denkende Menschen haben mehr Energie. Sie erleben zwar auch hin und wieder Krisen, doch akzeptieren sie diese und können meistens sogar einen Sinn darin erkennen. Sie verurteilen weder sich selbst noch andere, wenn es ihnen einmal schlecht geht. Ihr Motto lautet: Ich bin in Ordnung, so wie ich bin – und jeder andere ist es auch. Ob wir eine solche positive Grundhaltung einnehmen, hängt stark mit unseren Glaubenssätzen zusammen. Glaubenssätze sind unsere tiefsten inneren Überzeugungen darüber, wie die Welt funktioniert und welchen Platz wir darin haben.

Unbewusste Glaubenssätze hemmen oder beflügeln uns

In der Regel tragen wir unsere Glaubenssätze unbewusst in uns. Einige sind uns schon in der Kindheit von unseren Eltern und anderen Personen aus dem sozialen Umfeld regelrecht eingeimpft worden. Wir haben sie ungeprüft übernommen. Bei Erwachsenen können Glaubenssätze den Erfolg entweder fördern oder hemmen. In dem Dorf, wo ich groß geworden bin, galt zum Beispiel der Glaubenssatz: »Geld verdirbt den Charakter.« Das hat mich später zunächst gehemmt, ein finanziell erfolgreicher Unternehmer zu werden. Ich musste diesen Glaubenssatz bewusst ändern und Fülle in meinem Leben zulassen. Einer meiner neuen Glaubenssätze lautete dann: »Geld ermöglicht mir Freiheit.«

Übung 7.2 Ihre positiven und negativen Glaubenssätze

Schreiben Sie zuerst Glaubenssätze auf, die sich auf Ihr Leben negativ auswirken. Beispiele: »Geld verdirbt den Charakter« oder »Schuster, bleib bei deinen Leisten«. Nun notieren Sie alle Glaubenssätze, die Ihnen einfallen auf das Übungsblatt von meiner Website oder in Ihr Notizbuch. Halten Sie anschließend Glaubenssätze fest, die sich auf Ihr Leben positiv auswirken. Beispiele: »Jeder kann etwas aus sich machen« oder »Alles im Leben hat einen Sinn«.

Tipps und Hinweise zur Übung: *Woran erkennen Sie einen Glaubenssatz? Oft sind es negative Sprichwörter und Volksweisheiten, wie zum Beispiel: »Ohne Fleiß kein Preis«. Glaubenssätze erkennen Sie auch gut an Signalwörtern wie »immer«, »alle(s)«, »jeder«, »überall« oder »man«. Beispiele: »Ich komme immer zu kurz«, »Das macht man nicht«, »Am Ende wird alles gut«.*

Energiequellen und Energieräuber entspringen in etwa denselben Dingen. Wie ich zum Beispiel über Geld denke, kann mich hemmen oder beflügeln. Es gibt Untersuchungen über Lottomillionäre, die zeigen, dass die finanzielle Situation der meisten Lottokönige nach ungefähr drei Jahren wieder genauso ist wie vor dem Gewinn. Woran das liegt? An den Glaubenssätzen! Wer nicht die innere Einstellung eines Millionärs hat, der kann auf Dauer auch keiner sein. Wichtig ist dabei: Glaubenssätze sind keine Tatsachen. Wir sind Meister über unsere Gedanken und können unsere Glaubenssätze jederzeit verändern. Dazu braucht es lediglich ein wenig Geduld.

Mit Affirmationen negative durch positive Glaubenssätze ersetzen

Eine sehr gute Möglichkeit, negative durch positive Glaubenssätze zu ersetzen, sind Affirmationen. Eine Affirmation ist ein positiver Satz, den Sie sich selbst immer wieder sagen, um Ihr Unterbewusstsein zu verändern. Wenn Sie sich zum Beispiel immer wieder sagen: »Reichtum gelangt auf verschiedene Art und Weise in mein Leben«, dann wirkt dieser Satz irgendwann auf Ihre Gefühle, anschließend auf Ihre Worte und Taten und erzeugt schließlich Ergebnisse. In Teil IV dieses Buchs werde ich auf Affirmationen noch genauer eingehen.

Typische negative Glaubenssätze	Typische positive Glaubenssätze
Geld verdirbt den Charakter.	Geld bedeutet Freiheit.
Ich muss für andere da sein.	Ich verdiene, glücklich zu sein.
Schuster, bleib bei deinen Leisten.	Alles ist erreichbar.
Ich bekomme bestimmt Krebs wie mein/e … (Vater, Mutter usw.).	Jede/r ist für seine/ihre Gesundheit selbst verantwortlich.
Die Welt ist ungerecht.	Die Welt steckt voller Möglichkeiten.
Das Schicksal ist gegen mich.	Das Universum unterstützt mich.
Ich bin nicht gut genug.	Ich bin gut, so wie ich bin.
Das tut man nicht.	Es ist egal, was andere denken.

Es gibt negative, hemmende Glaubenssätze und positive, unterstützende Glaubenssätze. Die Tabelle zeigt einige typische Beispiele.

Wie Sie anhand der Tabelle schon ahnen können, lassen sich negative Glaubenssätze oft zu positiven Affirmationen umdrehen. Als junger Unternehmer hatte ich diesbezüglich selbst ein Schlüsselerlebnis. Immer, wenn ein Mitbewerber mir einen Auftrag für eine Küche weggeschnappt hat, habe ich mich sehr geärgert. Ich hatte dann ausgesprochen negative Gedanken über meinen Konkurrenten. Da entdeckte ich, dass mein Glaubenssatz dabei ungefähr lautete: »Wir kämpfen alle um ein Stück vom Kuchen.« Und ich beschloss, diesen Glaubenssatz zu ändern. Schließlich konnte man es auch so sehen: Wenn ich den einen Auftrag nicht bekam, dann eben den nächsten. Das zeigte doch die Erfahrung. Und so lautete mein neuer Glaubenssatz: »Es ist genug da für alle.« Ich nutzte diesen Satz als Affirmation und sagte ihn mir immer wieder. Mein negatives Denken über Konkurrenten verschwand schließlich vollständig.

Wie Sie Erfolgserlebnisse als Energiequellen nutzen

Erfolgserlebnisse sind eine große Energiequelle. Nach einem einzigartigen Erlebnis sind wir voller Glückshormone. Und noch nach längerer Zeit können wir uns die freudigen Gefühle erneut in Erinnerung rufen, indem wir uns das Erlebnis in Gedanken noch einmal ausmalen. Wenn ich in diesem Abschnitt von Erfolgen spreche, dann meine ich nicht nur geschäftliche Erfolge, wie etwa eine gelungene Existenzgründung oder die erste Million Jahresumsatz. Sondern ich meine auch und gerade Ihre ganz persönlichen Erfolge. Beispielsweise die erste Liebe und den Moment, als sie erwidert wurde. Oder auch eine bestandene Mutprobe. Ich erinnere mich bis heute, wie es sich anfühlte, als ich nach einem Fallschirmsprung wieder auf dem Boden stand. Es war noch minutenlang ein einziger Hormonrausch in meinem Körper.

Erinnerungen an Erfolge sind pure Energie

Leider bleiben uns negative Erlebnisse viel stärker im Gedächtnis als Erfolgserlebnisse. Experten zufolge erinnern wir uns an eine negative Erfahrung siebenmal länger als an eine positive! Wissenschaftlich lässt sich das damit erklären, dass es für unsere Vorfahren überlebenswichtig war, Gefahren wiederzuerkennen. Heute sind wir nicht mehr ständig in Lebensgefahr. Längst sind es Erfolge, die uns im Leben weiterbringen, weil sie uns inneren Auftrieb geben und unsere Begeisterung steigern. Wir müssen jedoch etwas dafür tun, um unsere Erfolge ausreichend zu sehen. Gelingt das, dann können wir sie als Energiequellen nutzen, indem wir uns immer wieder an sie erinnern.

Übung 7.3 Ihre größten Erfolge und Misserfolge

Nehmen Sie sich jeweils fünf Minuten Zeit, um in zwei Spalten Ihre größten Misserfolge und Ihre größten Erfolge aufzuschreiben. Sie finden dazu auf meiner Website wiederum ein Übungsblatt zum Herunterladen. Beginnen Sie mit den Misserfolgen bzw. Niederlagen. Was ist in Ihrem bisherigen Leben so richtig schiefgegangen? Nehmen Sie sich dann die persönlichen Erfolge vor. Wo spüren Sie noch heute freudige Gefühle, wenn Sie sich daran zurückerinnern? Lesen Sie den nächsten Absatz bitte erst, nachdem Sie Ihre Misserfolge und Erfolge aufgeschrieben haben.

Stehen sowohl Ihre Misserfolge als auch Ihre Erfolge jetzt auf dem Papier? Dann überlegen Sie doch einmal, ob es zwischen Misserfolgen und Erfolgen vielleicht Zusammenhänge gibt. Wäre ein bestimmter Erfolg ohne einen der Misserfolge nicht möglich gewesen? Wenn das so ist, dann ziehen Sie mit dem Stift eine Verbindungslinie zwischen dem ursprünglichen Misserfolg und dem späteren Erfolg.

Tipps und Hinweise zur Übung: *Beschränken Sie sich nicht auf berufliche Erfolge. Was war für Sie persönlich ein Erfolg? Fassen Sie auch den Begriff »Erfolg« weit und notieren Sie alles, was Ihnen dazu in den Sinn kommt. Es ist nicht nötig, dass Sie den Erfolg allein bewirkt haben. Hauptsache, es fühlt sich wie Ihr Erfolg an. Umgekehrt müssen Sie für die Misserfolgserlebnisse nicht allein verantwortlich sein.*

Jahrelang habe ich ein Tagebuch geführt. Eines Tages kam ich auf die Idee, es umzudrehen und von hinten meine größten Erfolgserlebnisse hineinzuschrieben. Ich wollte mir nicht nur Ziele setzen, sondern auch dankbar sein für das Erreichte. Da merkte ich, wie viel Energie es mir schenkte, meine größten Erfolge noch einmal in allen Details anzuschauen. Einer dieser Erfolge war ohne Zweifel meine erste Geschäftseröffnung. Das Erlebnis, im eigenen Laden zu stehen und dort die ersten Kunden zu begrüßen, werde ich nie vergessen. Im hinteren Teil meines Tagebuchs konnte ich mir die Situation nun immer wieder in Erinnerung rufen. An schlechten Tagen hat mir das viel Energie gegeben. Manche Leute legen sich ein eigenes Erfolgstagebuch an, in dem sie ihre Erfolge beschreiben, um diese später immer wieder nachlesen zu können. Auch das ist eine gute Idee.

Viel Kraft gibt mir der Gedanke, dass Misserfolge oft die Voraussetzung für unsere größten Erfolge sind. Vielleicht haben Sie in Übung 7.3 ja auch einige Verbindungslinien zwischen Ihren Misserfolgen und Ihren Erfolgen ziehen können. Etliche Selbstständige haben sich aus der Arbeitslosigkeit heraus selbstständig gemacht. Dazu gibt es in vielen Ländern eigene staatliche Förderprogramme. Oft »brauchten« diese Existenzgründer erst den Misserfolg der Entlassung und Arbeitslosigkeit, um den nötigen Mut aufzubringen und endlich den Schritt in die Selbstständigkeit zu wagen. So war ein Misserfolg letztlich die Voraussetzung für einen Erfolg. Niederlagen gehören zum Leben. Wenn wir verstehen, dass wir durch sie wachsen können, lassen wir uns von ihnen nicht zu negativen Gedanken verleiten. So behalten wir unsere Energie.

Manchmal »brauchen« wir einen Misserfolg für den anschließenden Erfolg

Wer seine Bedürfnisse kennt, steuert kraftvoll auf Erfolge zu

Viele Menschen wissen sehr genau, was sie nicht wollen, haben aber keine Ahnung, was sie wollen. Sich mit dem zu beschäftigen, was man vermeiden will, kostet viel Energie. Menschen, die genau wissen, was sie wollen, halten dagegen auch Durststrecken sehr gut durch. Bei der Partnersuche zum Beispiel sagen sich viele: »Schauen wir mal, was der Markt so hergibt.« Und so bleibt es dann oft beim Schauen. Oder nehmen wir eine Frau, die einen Mann sucht. Sie sagt: Er soll nicht rauchen und nicht zu viel Alkohol trinken und nicht jeden Abend bloß vor dem Fernseher sitzen. Diese Frau weiß, was sie nicht will. Doch welche positiven Eigenschaften hat ihr Traummann? Die Frau sollte es herausfinden!

Wissen Sie, was Sie wollen? Oder nur, was Sie nicht wollen?

Wenn Sie Ihre Bedürfnisse kennen, dann wissen Sie, was Ihnen wichtig ist. Sie sind bei sich selbst, bei Ihrer eigenen Energie. Ich zum Beispiel wusste als Unternehmer klar: Ich will das beste Betriebsklima in der Branche. Denn ich wollte mich wohlfühlen und auf positive Art und Weise Geld verdienen. Deshalb sagte ich mir nicht nur: »Ich will keinen Stress.« Sondern ich sagte mir dann auch: »Ich will ein ausgezeichnetes Betriebsklima.«

Übung 7.4 Ihre Bedürfnisse

Schreiben Sie zunächst alles auf, was Sie nicht wollen. Seien Sie spontan und berücksichtigen Sie alle Lebensbereiche. Was möchten Sie auf keinen Fall ein zweites Mal erleben? Was befürchten Sie? Notieren Sie anschließend jeweils daneben das Gegenteil: Wenn Sie A nicht wollen, wie heißt dann B? Was ist Ihr Bedürfnis?

Tipps und Hinweise zur Übung: *Auch für diese Übung gibt es ein Übungsblatt auf meiner Website. Wenn Sie dieses nicht verwenden, sondern Ihr Notizbuch, dann legen Sie am besten zunächst zwei Spalten an. Schreiben Sie über die linke Spalte: »Was ich nicht will«. Über die rechte Spalte schreiben Sie: »Was ich will«. Anschließend füllen Sie zunächst die linke Spalte aus und formulieren dann in der rechten Spalte das Gegenteil.*

In Übung 7.4 erleben Sie, wie Sie jederzeit zu Ihren Bedürfnissen kommen können: Formulieren Sie zunächst, was Sie nicht wollen. Darauf überlegen Sie sich das Gegenteil. Es ist halb so schlimm, wenn wir besser wissen, was wir nicht wollen. Doch sollen wir daraus auch unsere Bedürfnisse ableiten. Meine Tochter zum Beispiel hat einmal in einer Firma gearbeitet, in der über alle Kolleginnen und Kollegen negativ geredet wurde, sobald sie abwesend waren. Sie wusste, dass sie das eigentlich nicht wollte. Aber was wollte sie stattdessen? Meine Tochter erkannte, dass ihr eine offene Kommunikation sehr wichtig ist. Nachdem sie dieses Bedürfnis erkannt hatte, kündigte sie und fand einen neuen Arbeitgeber, bei dem miteinander statt übereinander geredet wurde. Ein anderes Beispiel: Ich weiß heute, dass

Das Gegenteil von dem, was Sie nicht wollen, führt zu Ihren Bedürfnissen

ich keinen billigen Wein und kein ungesundes Essen mehr möchte. Stattdessen sage ich mir: Wenn schon Wein, dann auch einen guten. Und lieber Bio-Produkte aus der Region als Nahrung voller Gift, auch wenn das Obst und Gemüse dann mal nicht so perfekt aussieht.

Zeit für Ihre Energiebilanz!

In einem letzten Schritt fassen Sie nun zusammen, was Sie bisher in diesem Kapitel über sich herausgefunden haben: Was gibt Ihnen Energie? Was brauchen Sie unbedingt, um sich wohlzufühlen? Und was raubt Ihnen Energie?

Übung 7.5 Energiebilanz

Nehmen Sie das Übungsblatt von meiner Website oder Ihr Notizbuch zur Hand. Schreiben Sie zunächst alles auf, was Ihnen Energie gibt. Berücksichtigen Sie dabei Ihre Gewohnheiten, Ihre Glaubenssätze und die Bedürfnisse, die für Sie beruflich wie persönlich erfüllt sein sollen. Notieren Sie im zweiten Schritt alles, was Sie schwächt und Ihnen Energie raubt. Zum Schluss wählen Sie Ihre fünf wichtigsten Energiespender und Ihre fünf wichtigsten Energieräuber aus.

Tipps und Hinweise zur Übung: *Sie können auch direkt Ihre fünf wichtigsten Energiespender und Ihre fünf wichtigsten Energieräuber aufschreiben, wenn sich auf der Liste zu viel wiederholen würde, was Sie bereits notiert haben.*

Herzlichen Glückwunsch! Sie kennen jetzt Ihre fünf besten Energiespender. Und Sie haben Ihre fünf größten Energieräuber im Blick. Daraus können Sie in den nächsten Monaten Ihr persönliches Programm für mehr Energie ableiten. Wo können Sie die Energiespender mehr in Ihren Alltag integrieren? Auf welche Bedürfnisse sollten Sie mehr achten? Und wie können Sie auf der anderen Seite die Energieräuber reduzieren? Gehen Sie in kleinen Schritten vor. Freuen Sie sich über jeden Fortschritt, den Sie machen. Und erinnern Sie sich: Es dauert ungefähr zwölf Wochen, um Gewohnheiten wirklich dauerhaft zu ändern. Also: Bleiben Sie dran!

So läuft der Laden: Tipps für Teams und Unternehmen

Auch Unternehmen sollten sich einmal fragen: Wo kommt unsere Energie her? Und wo verbrauchen wir zu viel Energie? Mir war es als Unternehmer wichtig, dass zunächst sämtliche Mitarbeiterinnen und Mitarbeiter verstanden haben: Mein Gehalt zahlt der Kunde, nicht der Chef! In einer Firma sitzen alle am selben Tisch – und die Kunden sorgen dafür, dass es etwas zu essen gibt. Die Kunden sind die wichtigste Energiequelle. Wenn dieser Grundsatz klar ist, sollten Sie die drei Bereiche Kunden, Mitarbeiter und Produkte/Dienstleistungen noch einmal genauer auf deren Energiebilanz hin untersuchen:

Kunden: Welche Kunden sind profitabel und welche nicht? Mit welchen Kunden gibt es immer wieder Ärger? Mit wem macht uns auch der Umgang Freude? Wer sind unsere Kunden der Zukunft? Bei unseren Küchenstudios wusste ich z. B., dass unter Bauherren die Neubauer knapper kalkulieren als die Umbauer. Aus Großprojekten mit vierzig oder mehr Küchen ist selten etwas geworden. Ältere Privatkunden waren immer gut für uns.

Mitarbeiter: Wer ist heute wo am wirkungsvollsten eingesetzt? Wo wird Arbeitsleistung (»Manpower«) vergeudet? Gar nicht so selten sind Mitarbeiter am falschen Platz – und niemand merkt es. Die Neubesetzung von Stellen ist immer mit hohen Kosten verbunden. Bei Leistungsschwäche lohnt sich fast immer der Versuch, den Mitarbeiter oder die Mitarbeiterin anderswo einzusetzen. Dabei hilft es, wenn Sie die Träume, Werte und Talente der Mitarbeitenden kennen.

Produkte/Dienstleistungen: Welche Angebote bringen den höchsten Gewinn und welche (fast) nichts? Welche Produkte sollten besser andere fertigen? Welche Dienstleistungen könnte man von Dritten zukaufen? Wofür sind unsere Kunden bereit zu zahlen? Ich habe beispielsweise lernen müssen, dass die Zahlungsbereitschaft für Garantien oft nicht besonders groß ist. Eine Zehn-Jahre-Garantie auf eine Küche nimmt der Kunde gerne mit, möchte dafür aber nicht extra bezahlen.

Beim Beschleunigen müssen die Tränen der Ergriffenheit waagerecht zum Ohr hin abfließen. *Walter Röhrl*

Das fünfte Holzscheit: Ihre Antriebe

»Jetzt bin ich eigens nach Linz gefahren, viereinhalb Stunden Autofahrt!« Simon klingt wütend und verzweifelt, als er in sein Handy spricht. »Das ist das dritte Nein in zwei Wochen. Ich brauche doch neue Kunden!«

»Wo bist du denn gerade?«, fragt sein Coach Manfred mit ruhiger Stimme.

»Auf dem Parkplatz von diesen Deppen. Die lassen mich hier antreten und dann …«

»Jetzt beruhige dich erst einmal«, fällt Manfred ihm ins Wort. »Und dann schalte endlich den Turbo ein!«

»Wie langsam glaubst denn du, dass ich fahre?«

»Nein, nicht bei deinem Diesel. In deinem Kopf! Dort hast du auch deine Turboschalter. Wenn du die finden willst, solltest du jetzt erst einmal aufhören, anderen die Schuld zu geben. Du kannst dir nur selber helfen.«

»Mit dem Turbo?«

»Genau. Du hast doch jetzt auf der Rückfahrt fast fünf Stunden Zeit. Denke da nicht mehr an die Absage. Sondern hole dir deine drei tollsten Geschäftsabschlüsse in Erinnerung. Male sie dir in Gedanken nochmals in allen Farben aus!«

Spitzensportler, Raumfahrer, Elitesoldaten, Notärzte – sie alle müssen auf Knopfdruck Höchstleistungen erbringen. Wie schafft man das? Wissenschaftler wollten das herausfinden und haben unabhängig voneinander Raumfahrer und Spitzensportler in den USA und in Russland untersucht. Das Verblüffende: Sie fanden genau dieselben »Turboschalter«, die Menschen im Kopf drücken, wenn maximale Leistung gefragt ist. Diese

Schalter werden seitdem »Motivatoren« genannt. Charles Garfield, ein Psychologe der NASA, übertrug die Erkenntnisse der Raumfahrt auf das Business und fand bei Topmanagern wiederum genau dieselben Motivatoren. Inzwischen weiß man: Wir alle haben im Kopf mehrere Turboschalter. Also auch Sie. Hätten Sie das gedacht? Die meisten Menschen kennen ihre Turboschalter nicht oder nutzen sie viel zu wenig. Dabei stehen uns diese Antriebe immer zur Verfügung, wenn wir zu einem bestimmten Zeitpunkt Höchstleistungen erbringen müssen. Oder wenn wir in einer unangenehmen Situation gefangen sind und da unbedingt herauswollen.

Unsere Turboschalter erlauben Höchstleistung auf Knopfdruck

Insgesamt haben sich in der psychologischen Forschung der letzten Jahrzehnte ungefähr dreizehn bis fünfzehn Motivatoren herauskristallisiert. Davon sind drei bis vier bei jedem Menschen die Turboschalter. Sie werden die einzelnen Motivatoren in diesem Kapitel noch kennenlernen. Wenn Sie wissen wollen, wie wichtig ein Motivationsturbo ist, dann fragen Sie einmal Spitzensportler. Der Skirennläufer Hermann Maier, dreifacher Weltmeister und zweifacher Olympiasieger, hat nach einem schweren Unfall in einem Interview berichtet, wie mühsam das Trainieren im Spitzensport ist. Sportler haben im Training oft wahnsinnige Durchhänger! Mit den Turboschaltern können Sportler trotzdem das Letzte herausholen, wenn es nötig ist.

Wenn wir bestimmte Denk- und Gefühlsmuster aktivieren, sind wir voll motiviert. Unsere Turbos sind jedoch individuell verschieden. Sagt zum Beispiel jemand einem Existenzgründer: »Das schaffst du nie!«, dann wird der eine um dreißig Zentimeter größer und der andere fällt wie ein Kartenhaus zusammen. Als potenzielle Lieferanten an den Erfolgschancen meines neuen Franchisesystems für Küchen zweifelten, sagte ich mir: »Jetzt erst recht!« Denn »Herausforderung« heißt einer meiner Turbos. Ein anderer Unternehmer hätte vielleicht gesagt: »Wenn ich das richtige Team dafür finde, dann schaffe ich es!« Und wieder ein anderer: »Wenn andere das geschafft haben, dann schaffe ich das auch.« Das sind alles Hinweise auf unterschiedliche Motivationsturbos.

Bestimmte Denk- und Gefühlsmuster sorgen für volle Motivation

Was Ihnen immer wieder hilft, Schwierigkeiten zu überwinden

Die Fähigkeiten zur Problemlösung entdecken

Die bewusste Auseinandersetzung mit der eigenen Lebensgeschichte führt uns zu unseren Turboknöpfen. Wir erkennen dann sich wiederholende Muster: Was hat uns in schwierigen Situationen geholfen? Woher kam die Motivation, Krisen zu meistern? Welcher Gedanke ließ uns durchhalten? Normalerweise machen wir uns das alles nicht bewusst. Wie Sie im vorherigen Kapitel bereits gelesen haben, bleiben uns negative Erfahrungen rund siebenmal länger im Gedächtnis als positive. Das heißt in der Konsequenz: Wir erinnern uns besser an die Probleme als an die Lösungen! Noch seltener überlegen wir, was wir in einer schwierigen Situation gelernt haben und wie wir das bei der nächsten Herausforderung nutzen könnten. In der folgenden Übung geht es um schwierige Situationen, mit denen Sie in Ihrem bisherigen Leben konfrontiert waren. Es kann sein, dass Sie einen gewissen Unwillen verspüren, sich daran zu erinnern. Das ist normal. Es lohnt sich jedoch garantiert, diese Dinge noch einmal anzuschauen.

Übung 8.1 Schwierigkeiten

Welche großen Schwierigkeiten hatten Sie bisher in Ihrem Leben? Nehmen Sie sich einige Minuten Zeit und listen Sie alles auf, was Ihnen dazu einfällt. Sie finden auch zu dieser Übung wieder ein Übungsblatt auf meiner Website.

Haben Sie alles notiert, was Ihnen durch den Kopf gegangen ist? Dann beantworten Sie jetzt folgende Frage: Welche großen Schwierigkeiten haben Sie in Ihrem bisherigen Leben schon erfolgreich bewältigt? Listen Sie wiederum alles auf, was Ihnen dazu einfällt.
Zum Schluss vergleichen Sie die beiden Listen!

Tipps und Hinweise zur Übung: *Halten Sie sich nicht allzu lange mit Ihren Schwierigkeiten auf. Seien Sie trotzdem ehrlich zu sich selbst und listen Sie auch auf, woran Sie am liebsten gar nicht mehr denken würden.*

Bei den allermeisten Menschen stimmen die beiden Listen aus Übung 8.1 überein. Bei Ihnen auch? Jede große Schwierigkeit in Ihrem bisherigen Leben haben Sie dann auch bewältigt! Hätten Sie das auf Anhieb gewusst? Wir können unsere Gedanken steuern und uns entscheiden, mehr auf unsere Lösungskompetenz zu schauen als auf unsere Probleme. Wenn wir diesen Spurwechsel eingeleitet haben, dann bekommen wir auch einen Blick für die Muster, die uns bei unseren Schwierigkeiten immer wieder geholfen haben. Diese Gedanken und Gefühle sind unsere Turboknöpfe.

Machen Sie sich klar, was Ihnen in schwierigen Situationen hilft. Beschäftigen Sie sich gedanklich mit Ihren positiven Mustern. So entdecken Sie, was in Ihnen steckt!

Bei einigen wenigen Leserinnen und Lesern kann es Schwierigkeiten geben, die sie noch nicht bewältigt haben. Wichtig ist, dass Sie nichts schönreden und nichts verdrängen, was noch offen ist. Auch wenn es ungelöste Probleme in Ihrem Leben gibt, werden Sie die meisten Schwierigkeiten der Vergangenheit jedoch bewältigt haben.

Was Ihre größten Erfolge über Ihre Antriebe verraten

Die größten Erfolge unseres Lebens hängen mit unseren stärksten Antrieben zusammen. Dort, wo wir über uns selbst hinausgewachsen sind, haben wir unsere Turbos eingeschaltet. Es ist noch viel wichtiger, sich mit vergangenen Erfolgen zu befassen als mit überwundenen Problemen. An einem Beispiel aus dem Sport lässt sich das sehr schön veranschaulichen: Skispringen ist eine waghalsige Sportart, bei der sich der Erfolg zu einem großen Teil im Kopf entscheidet. Mit der falschen inneren Einstellung hat auf der Sprungschanze niemand eine Chance. Nun kommt es immer wieder vor, dass Skispringer einen Leistungsabfall erleben. Sie schaffen plötzlich ihre übliche Weite nicht mehr. Und sie wissen oft selbst nicht warum. Wenn sie jetzt anfangen zu grübeln und sich zu fragen, was sie bloß falsch machen, dann werden sie nur noch schlechter! Der Ausweg besteht darin, sich die

Das Unterbewusstsein mit positiven Bildern füllen

schönsten Sprünge noch einmal auf Video anzusehen. So füllen die Sportler ihr Unterbewusstsein mit positiven Bildern ihrer Spitzenleistungen. Und kommen dadurch wieder auf die Erfolgsspur.

Übung 8.2 Erfolge

Welche großen Erfolge hatten Sie bisher in Ihrem Leben? Wo sind Sie über sich selbst hinausgewachsen? Wann haben Sie sich vom Leben total angesprochen gefühlt? Was waren das für Ereignisse? Schreiben Sie alles, was Ihnen dazu einfällt, auf das Übungsblatt von meiner Website oder in Ihr Notizbuch.

Tipps und Hinweise zur Übung: *In Übung 7.3 haben Sie sich bereits mit Ihren größten Erfolgen und Misserfolgen befasst. Sie können auf alles zurückgreifen, was Sie dort als Erfolg notiert haben. Vielleicht fällt Ihnen aber jetzt noch mehr ein. Im nächsten Abschnitt finden Sie eine Liste mit möglichen Erfolgserlebnissen. Lassen Sie sich davon inspirieren.*

Jeder Mensch hat Erfolgserlebnisse. Wir alle kennen Situationen, in denen wir über uns hinausgewachsen sind und die wir als Gipfelpunkte unseres Lebens empfinden. Wir waren im »Flow« und haben uns ganz eins mit dem Leben gefühlt. Solche Erfolgserlebnisse sind oft mit Lob und Anerkennung verbunden. Die Bewertung durch andere Menschen ist aber nicht das Entscheidende. Viel wichtiger ist, dass wir uns selbst weit besser und lebendiger als sonst erlebt haben. Noch nach Jahren können wir uns daran erinnern. Hier sind einige Beispiele für große Erfolge:

1. *Eine Traumrolle in einer Theatergruppe*
2. *Die erste glückliche Liebesbeziehung*
3. *Ein perfekt erledigter Auftrag*
4. *Eine bestandene Mutprobe (z. B. Fallschirmsprung)*
5. *Die Geburt eines Kindes*
6. *Der Einzug ins eigene Haus*
7. *Ein glänzende Rede oder Präsentation*
8. *Der Aufstieg zu einem Berggipfel*
9. *Die Teilnahme an einem Marathonlauf*

10. *Eine Auszeichnung oder ein Preis für die eigene Firma*
11. *Der Meisterbrief oder eine wichtige Zertifizierung*
12. *Die Einführung einer Weltneuheit auf dem Markt*

Eines der größten Erfolgserlebnisse meines Lebens war zweifellos die Eröffnung meines ersten Küchenstudios »Allgäuer Küchen« im Jahr 1976. Ich war zuvor Verkäufer in einem Küchenstudio gewesen und hatte mir eingebildet, dass ich als selbstständiger Unternehmer ein Geschäft besser führen kann. Außerdem wollte ich eigene Entscheidungen treffen, mehr Verantwortung übernehmen und selbstbestimmter sein. Weniger arbeiten und mehr verdienen als die meisten Angestellten – auch das gehörte zu meiner Vorstellung von einem Unternehmer. Als es dann endlich so weit war und am Eröffnungstag die ersten Interessenten sich umschauten, stand ich voller Stolz in meinem Geschäft.

Ich erinnere mich, als sei es gestern gewesen. Wir hatten eine wunderbare Ausstellung geschaffen und hörten an diesem Tag viele Ahs und Ohs angesichts der pfiffigen Detaillösungen unserer Küchen. Stolz machte mich auch, dass ich als Handwerker ein Quereinsteiger war und kein Unternehmenserbe wie so viele im Mittelstand. Bei alledem war ich voller Freude und Dankbarkeit für die Unterstützung durch meine Frau Doris.

Übung 8.3 Erinnerungsprotokoll großer Erfolge

Wählen Sie nun aus allen Erfolgen, die Sie bisher notiert haben, mindestens ein ganz besonderes Erfolgserlebnis aus. Am besten wählen Sie zwei Erfolge. Es ist egal, ob es berufliche oder private Erfolge sind, wie lange der Erfolg zurück liegt, wie lange er angedauert hat und wie Sie im Vergleich zu anderen abgeschnitten haben. Gehen Sie jetzt in Gedanken zu dem ersten Ereignis zurück. Nehmen Sie sich dafür etwa eine halbe Stunde Zeit. Begeben Sie sich an einen ruhigen Ort und schalten Sie Störquellen aus. Versetzen Sie sich in einen eher meditativen Zustand. Lassen Sie dann mit geschlossenen Augen das Ereignis noch einmal ablaufen.

Starten Sie zum Beispiel damit, was dem Ereignis vorausgegangen ist. Wie kam es überhaupt dazu? Wie war der Vorabend? Mit welchen Gedanken sind Sie zu Bett gegangen? Wie haben Sie geschlafen? Erleben Sie den Tag und das Ereignis noch einmal mit allen Sinnen: Was haben Sie gesehen, gehört, gefühlt, geschmeckt, gerochen? Je mehr Stichworte Ihnen einfallen, desto besser. Notieren Sie jeden Gedankenblitz! Auch die scheinbaren Nebensächlichkeiten können wertvolle Hinweise auf Ihre Antriebe liefern.

Wiederholen Sie die Übung am besten mit einem zweiten Ereignis. Das ist eine zusätzliche Chance, durch Parallelen auf sich wiederholende Antriebsmuster zu stoßen.

Tipps und Hinweise zur Übung: *Sehen Sie sich in der Situation als Darsteller, nicht als Beobachter. Sie sind mittendrin! Was erleben Sie? Was sagen Sie zu sich selbst? Wie hört sich Ihr innerer Monolog an? Besonders gut gelingt die Übung, wenn Sie sich die zwei Ereignisse an zwei unterschiedlichen Tagen vornehmen.*

Das Wichtigste bei Übung 8.3 sind Ihre sinnlichen Wahrnehmungen und Ihre Gefühle. Wenn es Ihnen gelingt, die Ereignisse noch einmal wie einen inneren Kinofilm zu erleben, kommen Sie in Kontakt mit Ihrer inneren Lebendigkeit. Sie sagen sich vielleicht anschließend: »Das will ich noch einmal erleben!« So bekommen Sie Hunger auf eine erfolgreiche Zukunft. Fragen Sie sich vielleicht auch: Was waren meine entscheidenden Erfolgsfaktoren? Welcher innere Antrieb hat mich bewegt und belebt? Im nächsten Abschnitt wird es darum gehen, diese Motivatoren oder »Turbos« konkret zu benennen und zu gewichten.

Auf die sinnlichen Wahrnehmungen und die Gefühle kommt es an!

Die Hauptantriebe für Ihre Erfolge erkennen

Wie Sie bereits gelesen haben, hat die Forschung der letzten Jahrzehnte ungefähr dreizehn bis fünfzehn Motivatoren erkannt, die Menschen zu Spitzenleistungen verhelfen. Davon hat jeder einzelne Mensch seine drei bis vier Hauptmotivatoren. Was ich Ihnen bisher verschwiegen habe, ist die Tatsache, dass es auch Demotivatoren gibt. Das sind starke Bremsen, die unsere Erfolge immer wieder verhindern. Das Gegenteil eines Hauptmotivators ist in der Regel ein Demotivator. Wenn also, wie bei mir, »Herausforderung« einer Ihrer Turbos ist, dann ist es demotivierend und frustrierend für Sie, Routineaufgaben abzuarbeiten. Wer durch Gruppenarbeit stark motiviert wird, ist wiederum frustriert, wenn er alleine arbeiten muss. Umgekehrt fühlen sich Selbstständige, die am liebsten alleine arbeiten, oft durch Abstimmungsprozesse im Team ausgebremst.

Die Forschung kennt dreizehn bis fünfzehn Motivatoren für großen Erfolg

Immer, wenn Sie auf Anhieb Spitzenleistung erbringen oder in einer schwierigen Situation durchhalten wollen, helfen Ihnen Ihre Motivationsturbos. Jetzt geht es darum, Ihre vier Hauptmotivatoren zu erkennen. Was beflügelt Sie? Was gibt Ihnen Aufschwung wie einem Adler? All das steckt in Ihrer Lebensgeschichte! Wenn Sie sich anschauen, wie Sie immer wieder auch große Schwierigkeiten bewältigt haben und was Ihnen die Power für Ihre größten Erfolge gegeben hat, dann erkennen Sie Ihre Turbos. Lesen Sie jetzt am besten noch einmal Ihre Notizen zu den Übungen 8.1 bis 8.3 und unterstreichen Sie alle entscheidenden Faktoren für eine Problemlösung bzw. für Ihren Erfolg. Was war richtig gut? Was hat Sie angetrieben? Auch Kleinigkeiten zählen. In Übung 8.4 können Sie Ihre Beobachtungen dann den fünfzehn Motivatoren zuordnen.

Welche sind Ihre persönlichen Turboknöpfe?

Übung 8.4 Ihre wichtigsten Antriebe

Bewerten Sie Ihre Erfolge (aus den Übungen 8.1 bis 8.3) im Hinblick auf die folgenden fünfzehn Faktoren. Wie stark hat jeder dieser Faktoren Sie angespornt? Entscheiden Sie sich auf einer Skala von 0 (gar nicht) bis 10 (sehr stark). Sie finden die fünfzehn Faktoren und die Skala auch als Tabelle in Anhang C auf Seite 192 sowie als Übungsblatt zum Herunterladen auf meiner Website.

1. Gute Vorbereitung
2. Äußere Faktoren *(Zuschauer, Wetter, Stadion …)*
3. Das Vorbild anderer Menschen

4. Zukunftsperspektive
5. Die Lust, selbst in Aktion zu sein
6. Wettbewerb *(mit sich selbst oder anderen)*
7. Vergangenheit *(Erfolge oder Misserfolge)*
8. Sinn und Wert
9. Flow während der Aufgabe *(»Zeit vergessen«)*
10. Alleine arbeiten können
11. Im Team arbeiten *(etwas gemeinsam tun)*
12. Anerkennung, eigene und fremde *(Lob, Bewunderung, Begeisterung)*
13. Herausforderung *(»Das schafft der nie!«; Einmaligkeit; »Jetzt erst recht!«)*
14. Große Aufgabe
15. Notsituation

Achtung: Wenn Ihnen ein wichtiger Motivator fehlt, dann ergänzen Sie ihn einfach als Punkt 16.

Haben Sie für jeden Motivator einen Wert zwischen 0 und 10 bestimmt? Dann notieren Sie jetzt Ihre vier Motivatoren mit der höchsten Punktzahl. Das sind Ihre Motivationsturbos!

Tipps und Hinweise zur Übung: *Erstellen Sie am besten ein grafisches Motivatorenprofil. Markieren Sie dazu mit einem Textmarker auf dem Übungsblatt von meiner Website oder in der Tabelle in Anhang C für jeden Motivator, wie stark dieser auf einer Skala von 0 bis 10 bei Ihnen ausgeprägt ist.*

Quellenhinweis: Die fünfzehn Motivatoren sind angelehnt an: *Seemann, 2003* (siehe Literaturverzeichnis S. 196)

Wer seine Turbos kennt, der kennt sich selbst besser

Dank Übung 8.4 kennen Sie jetzt Ihre vier Hauptantriebe. Das sind die Turboschalter, mit denen Sie über sich hinauswachsen können. Egal, ob es darum geht, hoch gesteckte Ziele zu erreichen oder in schwierigen Situationen die Lösung zu finden. Als ich meine vier Turboknöpfe entdeckt habe, hat sich noch ein positiver Nebeneffekt eingestellt: Ich habe mich selbst und meine Art, Leistungen zu erbringen, besser kennengelernt. Seit Teamarbeit in aller Munde ist, hatte ich zum Beispiel immer ein schlechtes Gefühl. Ich hielt mich für nicht richtig

»teamfähig« und dachte, das müsste ich ändern. Dann entdeckte ich, dass es zu meinen Turboknöpfen gehört, alleine arbeiten zu können und auch alleine auf Lösungen zu kommen. Meine vermeintliche Schwäche entpuppte sich als eine meiner größten Stärken. Seit mir das klar geworden ist, bin ich mit dem Thema Teamarbeit viel entspannter umgegangen.

Später fühlte ich mich dann durch einen Fachartikel des bekannten St. Galler Managementprofessors Fredmund Malik bestätigt: Die neuere Forschung hat nämlich entgegen der »Team-Euphorie« gezeigt, dass nicht alle Menschen in Teams besser arbeiten. Fredmund Malik rät Unternehmen, diese Unterschiede zu berücksichtigen und denjenigen, die alleine bessere Leistungen erbringen, entsprechende Möglichkeiten zu schaffen.

So läuft der Laden: Tipps für Teams und Unternehmen

Auch in jedem Unternehmen gibt es Turboschalter. Eine Firma hat ihr eigenes Antriebsprofil. Und es ist für eine Firma sogar noch wichtiger zu wissen, was kräftigen Aufschwung geben kann, als für den Unternehmer oder einzelnen Mitarbeiter. Denn Negatives bleibt in Firmen noch viel länger haften als im Kopf einzelner Menschen. Durch Klatsch und Tratsch, Jammern und Klagen wird es immer wieder hervorgeholt. Da heißt es kräftig gegensteuern! Besonders in kleineren Unternehmen bietet es sich an, sich in einem Workshop einmal gemeinsam die größten Erfolge der Vergangenheit anzuschauen. Überstandene Krisen zählen hier auch zu den Erfolgen. Dann lässt sich bewerten, was die Erfolgsfaktoren waren. So kommt man als Firma zu den wichtigsten Turboknöpfen.

Nun haben Sie vielleicht eine Managementweisheit im Kopf, die lautet: »Erfolge der Vergangenheit sind keine Garantie für die Zukunft.« Oder auch: »Ausgetretene Erfolgspfade sind gefährlich.« Das ist alles richtig. Allerdings geht es hier gar nicht darum, so weiterzumachen wie bisher. Sondern es geht um eine belebende Rückschau. Nicht die Erfolge der Vergangenheit sind interessant, sondern das, was die Firma in der Vergangenheit stark gemacht hat. Diese Ressourcen lassen sich auch in Zukunft nutzen. Sie als Unternehmer (oder ein Moderator) sollten den Mitarbeiterinnen und Mitarbeitern im Workshop eine Reihe von »W-Fragen« stellen. Diese könnten zum Beispiel lauten:

1. Welche Erfolge haben wir nahezu mühelos errungen?
2. Wann haben wir als Team einen Turboschub erlebt?
3. Was waren Gipfelerlebnisse für uns im Markt?
4. Worüber können wir uns immer wieder freuen?
5. Welche Erfolge haben das Unternehmen an sich nach vorn gebracht?

In einem Workshop können Sie auch gemeinsam ein bis zwei besonders große Erfolge noch einmal lebendig werden lassen. Lassen Sie einfach alle Teilnehmenden ihre schönsten Erinnerungen an das Ereignis beitragen. Die einzelnen Erinnerungen können auch auf Moderationskarten geschrieben und an eine Metaplanwand geheftet werden. Wichtig ist, dass die Mitarbeiterinnen und Mitarbeiter nicht abstrakt formulieren, sondern sich an jedes Detail erinnern. Aus der gemeinsamen Erinnerung können schließlich Turboknöpfe der Firma herausgelesen werden. Bei der Auswertung des gemeinsamen Erlebnisses sollten Sie auch besprechen, wer alles beteiligt war (welche Mitarbeiter, Kunden, Lieferanten) und wie das betriebswirtschaftliche Ergebnis ausgesehen hat.

Teil III:

III

Der Zündfunke

Herzlichen Glückwunsch! Wenn Sie alle Übungen in Teil II gemacht haben, dann wissen Sie jetzt genau über Ihre Ressourcen Bescheid. Sie kennen Ihre Träume, Werte, Talente, Energien und Antriebe. Das war echte Grundlagenarbeit. Sie wird sich nun auszahlen. Die große Mehrheit der Menschen macht sich nie Gedanken über ihre Ressourcen, Sie gehören nicht mehr dazu. Sie kennen Ihre Ressourcen jetzt so gut, dass Sie Ihre Ziele entsprechend setzen können.

Im folgenden Teil geht es zunächst um Ihre Ziele, dann um Ihre Mission und Ihre Vision. Wo wollen Sie hin? Weshalb sind Sie auf der Welt? Was ist Ihr einzigartiger Beitrag? Die Antworten auf diese Fragen bringen das Feuer der Leidenschaft und Begeisterung zum Brennen.

Auch in diesem Teil finden Sie zahlreiche Übungen. Machen Sie bitte wiederum sämtliche Übungen schriftlich. Schreiben Sie in Ihr Notizbuch oder auf die kostenlosen Übungsblätter meiner Website. Hier nochmals die Internetadresse: www.wolfgangallgaeuer.com/buch und dort unter »Downloads«.

Wer nicht weiß, wohin er will, darf sich nicht wundern, wenn er ganz woanders ankommt.

Mark Twain

Wo Sie hinwollen: Ziele

Es ist ein nebliger Novemberabend, als Unternehmer Simon Thaler sich in seinem Büro an die Zielplanung für das nächste Jahr macht. Er hat seinen Coach Manfred Brenner gebeten, mit dabei zu sein.

»Weißt du eigentlich, wie wichtig es ist, dass du deine Ressourcen genau kennst?«, fragt Manfred den Unternehmer. »Neun von zehn Menschen machen sich darüber nie Gedanken. Doch du weißt jetzt, was deine Träume, Werte, Talente, Energien und Antriebe sind.«

»Ich spüre auch schon, wie es mir in den Fingern kribbelt«, erwidert Simon. »Jetzt will ich richtig durchstarten. Wie viel Prozent mehr Umsatz hältst du im nächsten Jahr für erreichbar? Gib mir eine Zahl!«

»Langsam, langsam«, ruft Manfred lachend. Dann schaut er Simon an und setzt ein ernstes Gesicht auf. »Du musst dir deine Ziele unbedingt selbst setzen. Ziele, die andere dir vorgeben, haben keine Kraft. Und schaue vor allem, dass die Ziele zu deinen Ressourcen passen. Sonst wirst du sie nur schwer erreichen.«

Wer auf Dauer erfolgreich ist, der hat auch Ziele

Es gibt keine auf Dauer erfolgreichen Menschen ohne Ziele. In den vergangenen Jahren habe ich mich intensiv mit den Biografien außergewöhnlich erfolgreicher Menschen beschäftigt. Ausnahmslos alle haben sich in ihrem Leben Ziele gesetzt. Viele Unternehmer und Selbstständige haben längst Zieleseminare besucht oder Bücher dazu gelesen. Einige sind jedoch inzwischen enttäuscht und frustriert, weil sie ihre Ziele nicht erreicht haben. Sie haben manchmal beschlossen, sich mit der Zukunft nicht mehr groß zu beschäftigen. Lieber im Hier und Jetzt leben und sich dem Fluss des Lebens hingeben, sagen sie sich. Das ist ein schwerer Fehler. Ich kann die Enttäuschung gut verstehen, wenn Ziele verfehlt wurden. Die Frage ist: Warum werden Ziele verfehlt? Nach meiner Erfahrung liegt es fast immer daran, dass die gesetzten Ziele nicht zu den Ressourcen (Träume, Werte, Talente, Energien, Anriebe) der jeweiligen Person gepasst haben.

Nun gibt es von Natur aus zukunftsorientierte Menschen, die sich mit Zielsetzung leichttun. Und es gibt auf der anderen Seite Menschen, die mehr in den Tag hinein leben. Der englische Autor Lewis Carroll hat diese Einstellung in dem Kinderbuch »Alice im Wunderland« sehr treffend beschrieben: Das Mädchen Alice folgte einem seltsamen Kaninchen, das eine Uhr in der Westentasche trug, in ein Erdloch. Dadurch landete sie in einer verzauberten Welt. Nach einiger Zeit geriet sie mitten in einen Wald und sah eine grinsende Katze auf einem Ast sitzen. Alice fragte die Katze:

»Würdest du mir bitte sagen, welchen Weg ich einschlagen muss?«
»Das hängt in beträchtlichem Maße davon ab, wohin du gehen willst«, sagte die Katze.
»Das ist mir ziemlich gleichgültig …«, sagte Alice.
»Dann ist es auch egal, welchen Weg du einschlägst«, meinte die Katze.
»… solange ich irgendwo hinkomme«, fügte Alice als Erklärung hinzu.
»Oh, das wirst du ganz sicher«, sagte die Katze, »wenn du nur lange genug läufst.«

Wollen Sie irgendwo hinkommen oder an einem Ziel ankommen? Das können Sie sich aussuchen. Außergewöhnlich erfolgreich werden Sie jedoch nur sein, wenn Sie wissen, wohin Sie wollen. Auch Ihre Firma wird nicht automatisch Erfolg haben. Indem Sie Ziele setzen, lösen Sie den ersten Zündfunken für das Feuer der Begeisterung aus. Viktor Frankl hat einmal gesagt: »Es ist nicht schlimm, ein Ziel nicht zu erreichen. Viel schlimmer ist es, kein Ziel zu haben.« Lassen

Sie haben die Wahl, wo Sie im Leben hinkommen wollen

Sie sich nicht entmutigen, wenn Sie in der Vergangenheit einmal ein Ziel verfehlt haben sollten. Achten Sie ab jetzt einfach besser auf Ihre Ressourcen!

Ziele müssen ressourcengerecht und selbstgesetzt sein

Im Geschäftsleben kommt es immer wieder zu fremdbestimmten Zielsetzungen. Da steigt zum Beispiel ein Investor in eine Firma ein und verkündet schon am ersten Tag: »Wir erwarten von jetzt an jedes Jahr fünfzehn Prozent mehr Nettogewinn!« Solche Zielvorgaben sind gleich doppelt zum Scheitern verurteilt. Erstens, weil sie von außen kommen und nicht aus der Firma selbst. Und zweitens, weil sie die Ressourcen vernachlässigen. Nur wer eine Firma genau kennt, die Menschen dahinter, den Markt, die Kunden, kann beim Thema Ziele mitreden. Bei den persönlichen Zielen für ein begeistertes Leben ist es genauso. Wir sollten uns selbst gut kennen, um richtig zu »zielen«. Und unsere Ziele müssen unsere eigenen Ziele sein. Sie haben sich mithilfe dieses Buchs sehr intensiv mit Ihren Ressourcen beschäftigt, bevor es nun an Ihre Ziele geht. Das ist die richtige und notwendige Reihenfolge. Unsere Träume sind die Wegweiser, die uns zu unseren Zielen lotsen. Unsere Werte sind die Leitplanken auf dem Weg zum Ziel. Schließlich sind unsere Talente, Energien und Antriebe die persönlichen Voraussetzungen, um ein Ziel auch tatsächlich zu erreichen.

Fremdbestimmte Ziele sind ebenso verbreitet wie falsch

Nur selbst gesetzte Ziele entzünden ein Feuer der Begeisterung. Sie sind die Garantie für ein selbstbestimmtes Leben und steigern das Selbstwertgefühl. Gefährlich wird es, wenn wir meinen, ein eigenes Ziel zu verfolgen, es aber in Wirklichkeit von anderen übernommen haben. Viele Menschen unterschätzen, wie leicht sie sich die Ziele anderer zu eigen machen. Da sind zum Beispiel die Wünsche und Erwartungen unserer Eltern. Wenn der Vater sagt: »Studiere doch Betriebswirtschaft, damit du einmal die Firma übernehmen kannst«, dann setzt sich ein Jugendlicher vielleicht den Abschluss in Betriebswirtschaftslehre als Ziel. Im schlimmsten Fall passt es überhaupt nicht zu seinen Träumen, Werten und Talenten. Später im Leben übt oft der Ehepartner oder die Ehepartnerin einen großen Einfluss aus.

Setzen Sie Ziele ausschließlich aus sich selbst heraus. Sorgen Sie dafür, dass Ihre Ziele zu Ihren Träumen, Werten, Talenten, Energien und Antrieben passen. So können Ziele Leidenschaft und Begeisterung in Ihrem Leben entfachen.

Richtig gesetzte Ziele wirken wie ein Magnet. Sie fühlen sich zu Ihren Zielen hingezogen, ohne dass Sie ständig etwas dafür tun müssen. Ich habe das bei Seminarteilnehmern immer wieder erlebt. Sie haben ihre Ziele aufgeschrieben, in eine Schublade gesteckt und nicht mehr angeschaut. Jahre später öffnen sie die Schublade, holen ihre Ziele noch einmal hervor und sind verblüfft, was davon alles eingetreten ist. Keines der Ziele haben sie die ganze Zeit über akribisch verfolgt. Dieser Effekt lässt sich so erklären, dass wir durch unsere einmal gesetzten Ziele eine andere Brille aufsetzen. Wir filtern die Wahrnehmung der Wirklichkeit dann so, dass wir leicht erkennen, was uns unseren Zielen näherbringt. Wir identifizieren Chancen, die wir sonst verpasst hätten, und nutzen sie.

Ziele wirken unbewusst, ohne dass wir ständig an sie denken

Zielsetzung lässt sich erlernen wie ein Handwerk

Ziele richtig zu setzen ist eine Fertigkeit, die man erlernen kann wie ein Handwerk. Es gibt dabei einfach einige Kniffe, die Sie beherrschen sollten. Wie wichtig die richtige Technik ist, um ein Ziel zu erreichen, wurde mir zum ersten Mal klar, als ich meinen Motorradführerschein gemacht habe. Wo Sie als Motorradfahrer in einer schnell gefahrenen Kurve hinschauen, ist enorm wichtig. Denn genau dort kommen Sie aus der Kurve heraus! Blicken Sie auf einen Baum am Straßenrand, dann fahren Sie garantiert auf diesen zu. Als Autofahrer kennen Sie den Effekt vielleicht vom Durchfahren bei engen Baustellen. Sobald Sie rechts auf einen Lastwagen oder links auf die Begrenzung starren, fahren Sie unsicher. Die richtige Technik besteht darin, den Blick weit voraus auf die Mitte der Fahrbahn zu richten und dann einfach Gas zu geben.

Wo ein Motorradfahrer hinschaut, da fährt er auch hin

Eine einfache, praktische und verlässliche Methode zur Zielsetzung

Im folgenden Kasten lernen Sie zehn Gebote für wichtige Ziele kennen. Zusammen genommen sind sie wie das Handwerkszeug, das Sie beherrschen sollten, um kraftvolle Ziele zu haben. Die zehn Gebote stellen eine einfache, praktische und verlässliche Methode dar. In den folgenden Abschnitten werde ich Ihnen jedes einzelne »Gebot« noch genauer erklären.

Die zehn Gebote für Ziele

Erstes Gebot: Schreibe deine Ziele auf!
Zweites Gebot: Wisse den Preis jedes Ziels!
Drittes Gebot: Lege den Zeitpunkt fest!
Viertes Gebot: Formuliere in der Gegenwartsform!
Fünftes Gebot: Schaue auf das Machbare und bleibe dir treu!
Sechstes Gebot: Formuliere positiv und motivierend!
Siebtes Gebot: Sorge für Prüf- und Messbarkeit!
Achtes Gebot: Plane konkret und genau!
Neuntes Gebot: Denke groß!
Zehntes Gebot: Habe ein klares Bild!

Zum ersten Gebot, »Schreibe deine Ziele auf!«

Müssen Ziele wirklich immer schriftlich fixiert werden? Reicht es nicht, wenn wir unsere Ziele im Kopf haben? Nicht umsonst heißt es: »Wer schreibt, der bleibt.« Was aufgeschrieben wird, entfaltet eine ganz andere Kraft als ein bloßer Gedanke. Die Harvard-Universität in den USA hat einmal über zehn Jahre den Werdegang ihrer Studienabgänger untersucht. Das verblüffende Ergebnis: Nur 14 Prozent der Absolventen setzten sich klare Karriereziele. Sie verdienten nach zehn Jahren im Durchschnitt dreimal so viel wie die 83 Prozent ohne klare Ziele. Die verbleibenden drei Prozent hatten jedoch nicht nur klare Ziele, sondern diese auch schriftlich fixiert. Sie verdienten nach zehn Jahren zehnmal so viel wie die 83 Prozent ohne Ziele!

Zum zweiten Gebot, »Wisse den Preis jedes Ziels!«

Schon in der Bibel steht: »Wenn jemand von euch ein Haus bauen will, setzt er sich doch vorher hin und überschlägt die Kosten, um zu sehen, ob sein Geld dafür reicht.« (Lukas 14, 28) Ziele sind Träume mit einem Preis und einem Termin. Das haben Sie bereits in Kapitel 4 gelesen. Wünsche haben wir immer viele. Aber nur die Wünsche, für die wir den Preis zu zahlen bereit sind, können zu Zielen werden. Ein Filmstar zum Beispiel zahlt für seine Berühmtheit den Preis, kein Privatleben mehr zu haben. Wer das nicht akzeptieren kann, sollte sich nicht das Ziel setzen, ein berühmter Schauspieler zu werden. Ziele kosten immer etwas. Was uns nichts wert ist, das bleibt ein Wunsch.

Zum dritten Gebot, »Lege den Zeitpunkt fest!«

Ziele haben nicht nur einen Preis, sondern auch einen Termin. Sobald ein Zeitpunkt für ein Ziel feststeht, bekommt die Sache auf einmal eine Dynamik. Vielleicht kennen Sie das auch: Wenn Sie in drei Wochen in den Urlaub gehen, dann erledigen Sie alles, was bis dahin noch geschafft werden muss, besonders zügig und effektiv. Termine und Fristen sind für ein erfolgreiches Leben extrem wichtig. Wer ewig Zeit hat, der braucht auch ewig! Viele Menschen setzen sich keine Fristen, weil sie sich Enttäuschungen ersparen wollen. Das ist der falsche Weg. Haben Sie einmal eine selbst gesetzte Frist verstreichen lassen, dann setzen Sie sich einfach eine neue!

Zum vierten Gebot, »Formuliere in der Gegenwartsform!«

Wenn Sie aufschreiben »Ich werde mehr Geld verdienen«, dann versteht Ihr Unterbewusstsein genau das: Irgendwann in der Zukunft werden Sie mehr verdienen. Das Resultat kommt immer morgen – und Sie sind niemals heute reich. Formulieren Sie deshalb jedes Ziel in der Gegenwartsform. Schreiben Sie: »Ich verdiene das Doppelte wie vor drei Jahren.« In der Gegenwartsform versetzen Sie sich emotional bereits in die gewünschte Situation. Es fühlt sich an, als hätten Sie Ihr Ziel bereits erreicht. Ihr Handeln wird dadurch automatisch in die richtige Richtung geführt. Ihr Glaube an das Ziel wird gestärkt.

Zum fünften Gebot, »Schaue auf das Machbare und bleibe dir treu!«

Hier sind Ihre Ressourcen gemeint. Sie bleiben sich treu, wenn Ihre Ziele zu Ihren Träumen, Werten, Talenten, Energien und Antrieben passen.

Prüfen Sie deshalb, ob Ihre Ziele mit Ihren Ressourcen übereinstimmen. Denn sonst erzeugen Sie einen inneren Widerspruch und erreichen Ihre Ziele trotz großer Anstrengungen wahrscheinlich nicht. Wenn Ihre Ziele jedoch mit Ihren Ressourcen übereinstimmen, dann erreichen Sie diese oft mit Leichtigkeit. Sie fühlen sich niemals überfordert, sondern genau im richtigen Maß herausgefordert. Sich auf das Machbare zu konzentrieren bedeutet auch, nicht auf Wunder zu hoffen. Wunder mag es geben, doch als Ziel können wir uns nur setzen, was wir auch aus eigener Kraft erreichen können.

Zum sechsten Gebot, »Formuliere positiv und motivierend!«

Unser Unterbewusstsein kennt kein Nein, denn es funktioniert hauptsächlich über Bilder. Wenn Sie das Rauchen aufgeben wollen und aufschreiben »Ich rühre keine Zigarette mehr an«, dann speichern Sie vor allem ein weiteres Mal das Bild einer Zigarette. Überlegen Sie also, wofür Sie sind und nicht wogegen Sie sind. Statt aufzuschreiben, was Sie nicht wollen, notieren Sie, was und wie es sein soll. Am besten wirkt es, wenn Sie nicht nur positiv formulieren, sondern auch angenehme Gefühle auslösen. Schreiben Sie also zum Beispiel: »In den Pausen atme ich frische Luft voller Sauerstoff, genieße einen frischen Apfel oder trinke kühles, klares Wasser.« Bei den Formulierungen können Sie auf Ihre Träume zurückgreifen. Wie wird es sein, wenn ein Traum Wirklichkeit geworden ist? Schreiben Sie das auf!

Zum siebten Gebot, »Sorge für Prüf- und Messbarkeit!«

Woran erkennen Sie, dass Sie auf dem richtigen Weg sind? Nur wenn Ziele überprüfbar sind und der Fortschritt messbar ist, wissen Sie am Ende auch, dass Sie es geschafft haben. Fragen Sie sich beispielsweise regelmäßig, zu wie viel Prozent Sie Ihr Ziel erreicht haben. Definieren Sie nach Möglichkeit immer auch Zwischenziele. Gönnen Sie sich etwas Gutes, wenn Sie ein Etappenziel erreicht haben. Je messbarer ein Ziel ist, desto besser.

Zum achten Gebot, »Plane konkret und genau!«

Wer sich zum Ziel setzt, in zwei Jahren ins eigene Haus einzuziehen, aber nichts unternimmt, um den Hausbau als »Projekt« konkret zu planen, der kann sein Ziel nicht erreichen. Je komplexer der Weg zum Ziel ist und je mehr Menschen eingebunden werden müssen, desto wichtiger ist genaue Planung. Aber Vorsicht: Starre Pläne funktionieren nicht! Dafür gibt es im Leben zu viele unvorhergesehene Ereignisse. Auch moderne Raketen, wie sie zum Beispiel das amerikanische Militär besitzt, werden nicht einfach auf ein Ziel abgefeuert. Sie besitzen ein elektronisches Steuerungssystem, das unterwegs Einflüsse wie Wetter und Winde misst und entsprechend gegensteuert.

Zum neunten Gebot, »Denke groß!«

Ziele müssen groß sein, um den Funken der Begeisterung zu entzünden. Sonst sind wir wie der Angler an einem See, der alle großen Fische, die er an der Angel hat, wieder zurück ins Wasser warf. Als ihn ein Spaziergänger erstaunt nach dem Grund fragte, sagte der Angler: »Meine Pfanne zu Hause misst nur 17 Zentimeter.« Die hohe Kunst der Zielsetzung besteht darin, sich anspruchsvolle Ziele zu setzen, die gleichzeitig nicht überfordern. Planen Sie deshalb am besten eine Bandbreite ein. Wer sich zum Ziel setzt, im übernächsten Jahr 100 000 Euro zu verdienen und dann enttäuscht ist, weil er nur 99 000 geschafft hat, der macht sich zum Sklaven seiner Ziele. Setzen Sie sich große Ziele, aber mit Bandbreite.

Zum zehnten Gebot, »Habe ein klares Bild!«

Je genauer Sie sich Ihre Ankunft am Ziel vorstellen können, desto besser. Erinnern Sie sich daran, dass Ihr Unterbewusstsein hauptsächlich über Bilder funktioniert? Wenn Sie sich ein Bild von Ihrem Ziel ausmalen, am besten in einem meditativen Zustand, dann speichern Sie dieses Bild in Ihrem Unterbewusstsein. Es zieht Sie von jetzt an dahin, genau das zu erleben, was Sie sich ausgemalt haben. Olympische Marathonläufer zum Beispiel malen sich im Training immer wieder aus, wie es sich anfühlen wird, durchs Ziel zu laufen. Machen Sie es genauso! Lassen Sie ein klares geistiges Bild Ihres Ziels entstehen. Was sehen, hören und fühlen Sie genau, wenn Sie am Ziel sind? Visualisieren und emotionalisieren Sie Ihr

Ziel so stark wie möglich. So gewinnt es im Unterbewusstsein maximale Anziehungskraft.

Was Ihnen wirklich wichtig ist

Manche Leute haben nicht nur jede Menge Träume, sondern auch eine Menge Ziele. Es gibt sogar Zieleseminare, in denen die Teilnehmer lernen, in einem Zieletagebuch jeden Tag ihre zehn wichtigsten Ziele aufzuschreiben. Nach meiner Erfahrung ist das viel zu viel. Wir können nicht acht oder zehn große Ziele auf einmal verfolgen. Das überfordert uns. Es ist anspruchsvoll genug, zwei bis drei große Ziele richtig zu formulieren und an diesen dranzubleiben. Die folgende Übung ist wieder einmal etwas drastisch. Wenn Sie Schwierigkeiten mit dem Gedankenspiel haben, dann sehen Sie die Übung einfach als ein Instrument, um schnell herauszubekommen, was Ihnen für Ihre Zukunft wirklich wichtig ist.

Zehn oder zwölf große Ziele sind zu viel – zwei bis drei gerade richtig

Übung 9.1 Wesentliche Ziele

Einmal angenommen, Sie gehen zum Arzt und bekommen eine überraschende Prognose: Sie haben nur noch drei Jahre zu leben! Welche Ziele würden Sie sich setzen und was würden Sie tun, wenn Sie wüssten, dass Sie heute in drei Jahren sterben müssten? Schreiben Sie Ihre persönliche Antwort in Ihr Notizbuch oder auf das Übungsblatt von meiner Website. Bitte lesen Sie den folgenden Absatz erst, wenn Sie Ihre Antwort notiert haben.

Haben Sie alles notiert, was Ihnen wichtig ist? Dann verschärft sich die Prognose jetzt: Sie haben nur noch drei Monate zu leben. Welche Ziele würden Sie sich setzen und was würden Sie tun, wenn Sie wüssten, dass Sie heute in drei Monaten sterben müssten? Schreiben Sie Ihre persönliche Antwort in Ihr Notizbuch oder auf das nächste Übungsblatt von meiner Website. Bitte lesen Sie auch den folgenden Absatz erst, wenn Sie Ihre Antwort notiert haben.

Damit noch nicht genug. Die Prognose wird noch einmal korrigiert und ist jetzt noch drastischer: Sie haben nur noch drei Tage zu leben.

Welche Ziele würden Sie sich noch setzen und was würden Sie noch tun, wenn Sie wüssten, dass Sie heute in drei Tagen sterben müssten? Schreiben Sie Ihre persönliche Antwort noch einmal in Ihr Notizbuch oder auf ein weiteres Übungsblatt von meiner Website.

Tipps und Hinweise zur Übung: *Wenn Ihnen die Vorstellung einer ärztlichen Prognose unangenehm ist, können Sie sich auch eine Wahrsagerin, einen Astrologen oder ein Geistwesen vorstellen, um die Voraussage zu erhalten. Wichtig ist allein, dass Sie sich vorstellen, Sie hätten nur noch drei Jahre bzw. drei Monate oder drei Tage zu leben!*

Je weniger Zeit wir haben, desto genauer müssen wir uns überlegen, welche Ziele wir in diesem Rahmen erreichen wollen. Wir lernen, uns auf das Wesentliche zu konzentrieren. Gerade für Unternehmer und Selbstständige ist das im Alltag immer wieder eine Herausforderung. Man könnte sich den ganzen Tag lang mit unwesentlichen Dingen beschäftigen, ohne dass einem langweilig würde: Mit Mitarbeitern plaudern, E-Mails ausführlich beantworten, in Foren Xing-Beiträge lesen und schreiben und so weiter. Als ich noch Geschäftsführer war, musste ich erst lernen, zu Hause zu bleiben und das Mailprogramm geschlossen zu lassen, wenn ich eine wichtige Sache ausarbeiten wollte. Im Büro wäre ich ständig abgelenkt gewesen.

Immer das Wesentliche zuerst! Sonst verstopft Sand Ihr Getriebe

Ein Beispiel: Wollen Sie möglichst viele große Steine, kleine Steine und Sandkörner in einen Eimer füllen, dann haben Sie keine Chance, wenn Sie mit dem Sand beginnen. Sie bekommen die großen und die kleineren Steine nicht mehr hineingedrückt. Wenn Sie dagegen mit den großen Steinen beginnen, bis der Eimer damit gefüllt ist, dann die kleinen Steine kräftig schüttelnd nachfüllen und schließlich den Sand in die verbliebenen Lücken rieseln lassen, bekommen Sie alles unter. Die großen Steine stehen für mich symbolisch für die wichtigen Ziele im Leben. Die kleinen Steine stehen für die nachgeordneten Ziele. Und der Sand steht für Kleinigkeiten, die auch ihre Berechtigung haben, jedoch alles verstopfen, wenn man ihnen zu viel Raum gibt.

Ziele einzelnen Lebensbereichen zuordnen und priorisieren

Bis jetzt haben wir zwischen geschäftlichen, persönlichen oder finanziellen Zielen nicht unterschieden. Wirklich erfolgreich und zufrieden fühlen sich Menschen jedoch nur, wenn sie in allen Lebensbereichen ihre Ziele erreichen. Wahrscheinlich kennt jeder Leser und jede Leserin sogenannte Karrieristen, die zwar ehrgeizige berufliche Ziele erreicht, aber darüber die Familie vergessen haben. Auch wenn diese Familien nicht auseinanderbrechen, was heute häufig genug der Fall ist, fühlen sich diese Menschen irgendwann unglücklich. Sie sind erfolgreich, aber nicht ganzheitlich erfolgreich. Den umgekehrten Fall gibt es natürlich auch. Noch immer stellen einige die Familie an die erste Stelle und bereuen irgendwann, kein berufliches Ziel konsequent verfolgt zu haben.

Ganzheitliche Zufriedenheit berücksichtigt alle Lebensbereiche

Hilfreich bei der Zielsetzung ist es, sein Leben einmal unter verschiedenen Blickpunkten zu betrachten. Welche Lebensbereiche gibt es und wo überall lassen sich Ziele verfolgen? Hierzu gibt es viel Ratgeberliteratur. Bewährt hat sich die folgende Einteilung in fünf Lebensbereiche:

1. **Familie – Freunde**
   Partnerschaft, Kinder, Enkel, Geschwister, Eltern, Verwandte, Freundeskreis, Beziehungen, Netzwerke
2. **Beruf – Persönlichkeitsentwicklung**
   Karriere, Firma, Marktstellung, Projekte, Charakterentwicklung, persönliches Wachstum, Weiterbildung, Fähigkeiten
3. **Freizeit**
   Hobby, Urlaub, Freizeitaktivitäten
4. **Gesundheit – körperlich-seelisches Gleichgewicht – Spiritualität**
   Sport, Fitness, Ernährung, Gewicht, Körperpflege, Aussehen, seelisches Gleichgewicht, Glaube, Gottesbeziehung, Überzeugungen, Übernatürliches, geistliches Wachstum
5. **Finanzen – Besitz**
   Einkommen, Spenden, Ersparnisse, Vorsorge, Investitionen, Traumhaus, Traumauto

Betrachten Sie einmal die fünf Lebensbereiche. Finden Sie sich darin wieder? Wenn es Ihnen sehr wichtig ist, eine andere Einteilung vorzunehmen, oder Sie bereits länger mit anderen Kategorien arbeiten, dann können Sie die Lebensbereiche auch anders ordnen oder weitere hinzufügen. Es sollten jedoch nicht mehr als insgesamt sieben sein.

Übung 9.2 Ihre Ziele nach Lebensbereichen

Schauen Sie alle bisherigen Arbeitsblätter durch, angefangen von Ihren Träumen bis hin zu Übung 9.1 aus diesem Kapitel. Formulieren Sie daraus Ihre Ziele gemäß den zehn Geboten. Ordnen Sie die Ziele dann den fünf Lebensbereichen zu:

1. Ziele im Bereich **Familie und Freunde**
2. Ziele im Bereich **Beruf und Persönlichkeitsentwicklung**
3. Ziele im Bereich **Freizeit**
4. Ziele im Bereich **Gesundheit, körperlich-seelisches Gleichgewicht und Spiritualität**
5. Ziele im Bereich **Finanzen und Besitz**

Tipps und Hinweise zur Übung: *Verwenden Sie Ihre eigene Einteilung in Lebensbereiche, wenn Ihnen das sehr wichtig ist oder Sie bereits mit bestimmten Kategorien arbeiten. Versuchen Sie, dabei mit maximal sieben Bereichen auszukommen. Ein Übungsblatt mit den fünf vorgeschlagenen Lebensbereichen finden Sie auf meiner Website.*

Haben Sie Ihre Ziele den einzelnen Lebensbereichen zugeordnet? Dann betrachten Sie jetzt einmal das Gesamtbild. Finden sich in jedem Lebensbereich Ziele? Oder haben sich größere Lücken ergeben. Möglicherweise ist Ihnen aufgefallen, dass Sie sich mit einem Lebensbereich noch zu wenig beschäftigt haben. Sie können das jetzt nachholen. Am besten beginnen Sie wieder mit den Träumen: Was erträumen Sie sich in dem Lebensbereich, dem Sie bisher zu wenig Aufmerksamkeit geschenkt haben?

Übung 9.3 Ihre acht wichtigsten Ziele

Sie haben nun alle Ihre Ziele formuliert und nach Lebensbereichen sortiert. Jetzt ist es Zeit, sich für Ihre acht wichtigsten Ziele zu entscheiden. Was sind Ihre Top-Favoriten quer durch alle Lebensbereiche? Schreiben Sie diese Hitliste in Ihr Notizbuch oder auf das Übungsblatt von meiner Website. Konzentrieren Sie sich dann auf Ihre zwei bis drei wichtigsten Ziele.

Tipps und Hinweise zur Übung: *Sie können hier alle fünf Lebensbereiche berücksichtigen, müssen es aber nicht. Für welche Ziele brennen Sie am meisten? Wenn Sie weitere Hinweise suchen, dann schauen Sie noch einmal bei Ihren Träumen nach!*

Manchmal kommt bei Menschen eine gewisse Unsicherheit auf, wenn sie ihre Ziele notiert haben. Sie fragen sich: Ist es das jetzt wirklich? Werde ich glücklicher sein, wenn ich diese Ziele erreicht habe? Kann ich wirklich dahin gelangen oder sind es doch nur gute Vorsätze? Ich empfehle Ihnen deshalb, Ihre Hitliste der wichtigsten Ziele noch einmal zu überprüfen. Dazu dient der folgende 6er-Test.

Die wichtigsten Ziele nochmals prüfen

Der 6er-Test zur Zieleanalyse

Analysieren Sie Ihre wichtigsten Ziele mithilfe der folgenden sechs Punkte:

1. Stellen Sie sich Ihre Ziele mental vor. Gehen Sie ganz hinein und erleben Sie im Voraus Ihr Ziel: »Ich bin bereits dort, ich sehe, höre, fühle …« Achten Sie dabei auf Ihre Emotionen. Fragen Sie sich:
   a. Warum wollte ich hierher? Was macht es für einen Sinn?
   b. Was habe ich davon, dass ich jetzt hier angekommen bin?
   c. Hat sich der Aufwand dafür gelohnt?
2. Machen Sie eine Liste mit allen Vorteilen, Stärken und Chancen, die in Ihrem Ziel liegen. Was ist das Beste, das Ihnen dabei passieren kann?

3. Welche Fähigkeiten und Mittel brauchen Sie? Was kostet Sie das Ziel? Wie hoch ist sein Preis?
4. Wer und was kann Ihnen bei der Verwirklichung Ihres Ziels helfen?
5. Entwerfen Sie einen Plan, welche Schritte und Aktivitäten wann nötig sind. Machen Sie den ersten Schritt gleich sofort!
6. Listen Sie alle Hindernisse, Schwächen und Gefahren auf. Ordnen Sie diese nach Wichtigkeit. Was ist das Schlimmste, das Ihnen dabei passieren kann?

Ihr Körper belügt Sie nicht. Ihre Emotionen reflektieren immer die Wahrheit. Wenn Sie unsicher sind, ob ein Ziel das richtige ist, dann vertrauen Sie auf Ihre Gefühle und Ihre Intuition. Es gibt immer zwei Möglichkeiten: Entweder die Vorstellung vom Ziel erzeugt ein Wohlgefühl und lässt leise Freude aufkommen. Dann wissen Sie, dass es für Sie ein richtiges Ziel ist. Oder die Vorstellung vom Ziel erzeugt unangenehme Gefühle. Vielleicht fällt es Ihnen sogar emotional enorm schwer, sich überhaupt an diesem Ziel zu sehen. Es will einfach kein Bild entstehen, das sich gut anfühlt. In diesem Fall sollten Sie Ihr Ziel überdenken. Es ist wahrscheinlich nicht oder noch nicht das richtige. Ihre Ziele sind die Eckpunkte Ihrer Lebensvision. Planen Sie deshalb alle Lebensbereiche mit Haupt- und Etappenzielen, Daten, Fakten und Aufgaben. Denn alles, was in dieser Welt existiert, wird zweimal geschaffen – zuerst in der Vorstellung und dann in der realen Welt!

So läuft der Laden: Tipps für Teams und Unternehmen

Als Unternehmer sind Sie verantwortlich für die Unternehmensziele. Achten Sie darauf, dass Sie Ihren Mitarbeitern nicht einfach Ziele diktieren. Beziehen Sie die Mitarbeiter bei der Zielfindung mit ein und schließen Sie dann verbindliche Zielvereinbarungen mit ihnen ab. Leiten Sie aus den Zielvereinbarungen entsprechende Aufgaben für die Mitarbeiter ab. Viele Unternehmer bilden sich ein, die Unternehmensziele seien auch die Ziele der Mitarbeiter. Wer so denkt, der lebt in einer Scheinwelt. Den meisten Mitarbeitern sind die Unternehmensziele zunächst einmal egal. Zumindest kommen sie lange nach den persönlichen Zielen. Sorgen Sie deshalb als Unternehmer dafür, dass die Unternehmensziele zu den persönlichen Zielen Ihrer Mitarbeiter passen. Nur so können sich Ihre Mitarbeiter auch für die Unternehmensziele begeistern. Um das zu erreichen, müssen Sie Ihre Mitarbeiter gut kennen. Welche Träume, Werte und persönlichen Ziele hat ein einzelner Mitarbeiter? Träumt ein Familienvater beispielsweise vom Eigenheim, dann wird er eine internationale Expansion, die ihm einen längeren Auslandsaufenthalt bescheren könnte, nicht gerade enthusiastisch begrüßen. Helfen Sie als Unternehmer Ihren Mitarbeitern aktiv, ihre persönlichen Ziele und die Unternehmensziele unter einen Hut zu bringen. Das wirkt stärker als jede »Motivation«.

Es kommt nicht darauf an, dem Leben mehr Jahre zu geben, sondern den Jahren mehr Leben zu geben. *Alexis Carrel*

Was Sie gerne tun: Mission

Es ist ein sonniger, kalter Sonntag. Unternehmer Simon und sein Coach Manfred haben einen langen Spaziergang an den Hängen des Rheintals gemacht. Jetzt sitzen sie in einem gemütlichen Gasthaus, trinken Wein und lassen sich Käse schmecken.

»Noch nie habe ich meine Ziele so klar gesehen«, erzählt Simon begeistert. »Endlich sind alle Ziele wirklich für mich maßgeschneidert. Jetzt kann ich nächstes Jahr richtig loslegen.«

Schmunzelnd beobachtet Manfred die Begeisterung des Jüngeren. Der Mentor scheint die positive Stimmung für etwas nutzen zu wollen.

»Stell dir mal vor«, hebt Manfred an, »du hättest etwas, das dich noch mehr begeistert als deine wichtigsten Ziele. Etwas, das dir für den Rest deines Lebens immer wieder Power gibt. Womit du dich nie mehr ausgelaugt fühlst.«

»Und was soll das sein?«, fragt Simon interessiert. »Verrate es mir.«

»Es ist deine Mission!«, erklärt Manfred. »Es ist das, wozu du dich berufen fühlst und wobei du weißt, dass du im Leben den richtigen Platz eingenommen hast. Deine Mission entdeckst du allerdings nicht rein zufällig. Forsche ihr nächste Woche einmal nach. Es lohnt sich!«

Unsere Mission ist die Tätigkeit, zu der wir gesandt sind. Ich meine damit keinen göttlichen Auftrag oder sonst etwas Religiöses. Wir alle wissen bei bestimmten Tätigkeiten intuitiv: Das ist genau die Aufgabe, für die ich auf der Welt bin! Immer, wenn ich das tue, bin ich ganz bei mir. Ich erlebe einen »Flow« und kann die Uhr und meine Umgebung total vergessen. Gleichzeitig wissen wir, wenn wir über solche Tätigkeiten nachdenken: Hier geht es über meinen Egoismus hinaus. Denn ich leiste einen Beitrag, der für andere Menschen zählt. Der in der Schweiz lebende Unternehmensberater und Theologe Johannes Czwalina hat den Unterschied zwischen Zielen und einer Mission in einem seiner Bücher sehr gut getroffen. Johannes Czwalina fragt einen jungen Zürcher Bankangestellten: »Was sind Ihre wichtigsten Ziele?« Dieser überlegt ziemlich lange und sagt dann: »Ich sitze eines Tages als alter Mann auf einer Bank vor meinem Haus, und ein kleines Mädchen kommt vorbei und fragt mich: ›Alter Mann, warum hast du gelebt?‹ Ich möchte ihm so antworten können, dass es nach der Begegnung weiterläuft und denkt: ›Es war für andere Menschen nicht egal, dass dieser Mensch gelebt hat.‹«

Wenn wir ganz bei uns sind und die Uhr vergessen …

Wozu leben Sie? Viele denken bei den Stichworten »Mission« oder »Berufung« einseitig an ihre berufliche Tätigkeit. Eine echte Mission erfasst jedoch den ganzen Menschen, auch und gerade in seinem Innersten. Das »innere Kind« ist ebenso berührt wie der logisch denkende Erwachsene. Die Arbeit ist noch nicht automatisch die Mission. Auch nicht die Rolle in der Familie, so wichtig sie für die anderen Familienmitglieder auch sein mag. Es bleibt ja auch oft eine Leere, sobald die Kinder aus dem Haus sind. Zu den falschen Vorstellungen von einer Mission zählt auch, dass sie etwas ganz Großes sein müsse. Doch nicht jeder ist ein Nelson Mandela oder eine Mutter Teresa. Auch ein Comedian, dessen ganze Leidenschaft es ist, Menschen zum Lachen zu bringen, folgt seiner Mission. Eine Mission muss schließlich auch kein entbehrungsreicher Weg sein. Jeder kann jederzeit entdecken, bei welcher Tätigkeit für bestimmte Menschen er sich ganz an seinem Platz fühlt. Egal, ob alt oder jung, Mann oder Frau, studiert oder nicht – ich bin davon überzeugt, dass wir alle unsere Mission entdecken können und dafür auch genau die richtigen Talente mitbringen. Damit entfachen wir das Feuer der Begeisterung für unser Leben.

Wie Sie Ihrer eigenen Mission nachforschen

Wo wir keinerlei Begeisterung für eine Tätigkeit empfinden, da sind wir auch nicht auf dem richtigen Weg. Um Ihrer Mission auf die Spur zu kommen, fragen Sie sich deshalb am besten einmal: Bei welcher Tätigkeit empfinde ich Begeisterung, Freude, Liebe, ja vielleicht sogar Erotik? Wobei bekomme ich den Flash im Bauch? Durch was fühle ich mich regelrecht emporgehoben, wenn ich es tue? Was bringt mich in den »Flow«, sodass ich die Uhr und meine Umgebung schon einmal total vergessen kann? Als unsere Tochter Eva klein war, da war sie beim Spielen komplett in ihrer Welt und hat alles um sich herum vergessen. Selbst den Ruf zum Essen hat sie nicht mehr gehört. Ich bewundere Erwachsene, die sich die Fähigkeit erhalten haben, derart in eine Tätigkeit einzutauchen. Diese Menschen haben offensichtlich ihre Mission entdeckt.

Begeisterung gehört dazu – sonst sind wir auf dem Holzweg

Vor mehr als zwei Jahrzehnten habe ich zum ersten Mal gemerkt, wie sehr es zu meiner Mission gehört, Vorträge zu halten. Wenn ich rede und es im Saal mucksmäuschenstill wird, dann ist das ein ganz besonderer Moment. Natürlich erleben Redner auch ein gewisses Machtgefühl, wenn sie ihr Publikum in der Hand haben. Doch meine Gefühle beim Reden gehen tiefer. Ich spüre, dass ich mit meinen Talenten in meiner ureigenen Sache unterwegs bin. Und am meisten erfüllt es mich mit Freude, wenn dann auch bei den Zuhörern innerlich etwas passiert. Wenn diese gar nicht mehr so sehr den Redner Wolfgang Allgäuer wahrnehmen, sondern über sich selbst, ihre Einmaligkeit und die Bedeutung ihres Lebens nachdenken. Manchmal kommen Menschen nach dem Vortrag zu mir und sagen, sie hätten gerade zum ersten Mal so intensiv über sich nachgedacht. Dann weiß ich sicher: Mein Feuer der Begeisterung brennt!

Übung 10.1 Ihre wichtigsten Tätigkeiten

Die Verwirklichung jeder Mission erfordert Taten. Und Taten werden durch Tätigkeitswörter (Verben) ausgedrückt!

Erster Schritt: Schauen Sie sich Ihre bisherigen Notizen noch einmal an. Insbesondere die Träume und die Ziele. Welche Tätigkeiten wiederholen sich immer wieder? Was machen Sie? Schreiben Sie die entsprechenden Verben auf! Beispiele: »führen«, »verkaufen«, »entwickeln«.

Zweiter Schritt: Nehmen Sie die Verbenliste in Anhang D dieses Buchs zur Hand. Sie finden diese Liste auch als Übungsblatt zum Herunterladen auf meiner Website. Wählen Sie aus der Liste jene Tätigkeitswörter aus, die Sie am meisten anlachen und begeistern. Markieren Sie diese mit einem Kreuz. Kreuzen Sie alles an, was Sie anspricht!

Dritter Schritt: Entscheiden Sie sich nun unter allen Verben, die Sie selbst notiert und in der Liste markiert haben, für die sechs Verben, die Ihnen am meisten entsprechen. Schreiben Sie diese sechs Wörter auf Klebezettel (Post-its).

Vierter Schritt: Reduzieren Sie Ihre sechs Verben auf die drei wichtigsten Verben. Bei welchen Tätigkeiten sind Sie ganz bei sich? Als Entscheidungshilfe können Sie immer zwei Klebezettel nebeneinander legen und sich dann für das wichtigere Verb entscheiden. Wenn Sie sich für drei Verben entschieden haben, dann reihen Sie diese zum Schluss noch nach Priorität.

Tipps und Hinweise zur Übung: *Seien Sie bei der Auswahl der Verben aus der Liste ganz spontan. Denken Sie nicht viel nach. Lassen Sie sich lieber von Ihrem Bauchgefühl leiten. Sie können dabei nur alles richtig machen! Auch bei dieser Liste können Sie wieder zuerst den Textmarker verwenden und dann einzelne markierte Wörter einkreisen, wenn Ihnen diese Arbeitsweise lieber ist.*

Wenn Sie Übung 10.1 gemacht haben, dann kennen Sie jetzt die drei Tätigkeiten, bei denen Sie bei sich sind. Das ist der erste Baustein für Ihre Mission. Viele Menschen gehen ständig Tätigkeiten nach, die mit ihrer Mission nichts zu tun haben. Als Folge davon fühlen sie sich oft energielos. Die eigene Mission zu kennen und zu leben, bedeutet dagegen einen Energieschub! Die Vorstellung, das zu leben, wofür wir auf die Welt gekommen sind, kann unser inneres Feuer entzünden. Ärzte in Katastrophengebieten zum Beispiel sind manchmal wochenlang fast ohne Pause und mit nur wenigen Stunden Schlaf im Einsatz. Anschließend berichten diese Ärzte oft, dass sie zwar müde sind, aber nicht ausgepowert. Im Katastropheneinsatz konnten sie ihre Mission als Arzt oder Ärztin eben viel intensiver leben als beispielsweise in einer Hausarztpraxis.

»Die meisten Menschen leben ein Leben in stiller Verzweiflung«, hat der amerikanische Schriftsteller Henry David Thoreau einmal gesagt. Leben Sie ein Leben voller Begeisterung! Haben Sie den Mut, die Dinge zu tun, die Ihrer Mission entsprechen.

Das Beispiel vom Katastropheneinsatz macht noch etwas anderes deutlich: Seiner Mission gemäß zu handeln bedeutet keineswegs, sich nur auf der Schokoladenseite des Lebens zu bewegen. Auch Trauer, Wut, Schmerz und Verzweiflung haben ihren Platz. Denn es geht ja um das ganze Leben und den ganzen Menschen. Notärztinnen, Polizisten, Blauhelmsoldaten, Krankenpfleger oder Entwicklungshelferinnn zum Beispiel erleben tagtäglich menschliches Leid. Trotzdem folgen gerade in solchen Berufen viele Menschen ihrer Mission.

Nicht nur schöne Erlebnisse, sondern das ganze Leben!

Meine eigenen drei Verben lauten übrigens »begeistern«, »beleben« und »bewegen«. Bei der Wahl des Tischlerberufs war mir das noch nicht klar. Ein Tischler schleift ja eher Profile als dass er Menschen begeistert. Seit ich jedoch entdeckt habe, bei welchen Tätigkeiten ich ganz bei mir bin, und ich meiner Mission folge, haben Erfolg und Lebensglück noch einmal kräftig zugenommen.

Wo und für wen Sie einen Nutzen stiften

Wenn Sie etwas tun, das außer Ihnen selbst niemandem nützt, dann ist es lediglich ein Hobby. Hobbys, Unterhaltung und Zeitvertreib gehören zu einem erfüllten Leben dazu. Ihre Mission hat jedoch mit anderen Menschen und deren Bedürfnissen zu tun. Wer seine Mission erfüllt, der macht das Leben für andere ein Stück besser, schöner oder angenehmer. Jede Mission hat einen Zielbereich und eine Zielgruppe. Mit Zielbereich meine ich Branchen und Tätigkeitsfelder. Krankenpfleger zum Beispiel sind im Gesundheitswesen tä-

Jede Mission hat einen Zielbereich, eine Zielgruppe

tig, Bildhauerinnen im Bereich Kunst, Pfarrer auf dem Gebiet von Religion und Kirche und so weiter. Kaum zu trennen von den Zielbereichen ist die jeweilige Zielgruppe. Sie lässt sich meistens noch etwas enger eingrenzen. Es gibt zum Beispiel Malermeister, die sich auf die Zielgruppe »Ältere« spezialisiert haben.

Es ist sehr wichtig für die eigene Mission, sich nicht nur zu überlegen, was Sie gerne tun möchten, sondern auch, auf welchem Gebiet und für wen. Sie wechseln in diesem Moment die Perspektive und schauen durch die Brille der anderen auf das, was Sie tun. Es geht nicht mehr allein um Sie und Ihre Bedürfnisse, sondern darum, wem Sie wirklich helfen wollen und für welche Menschen Sie Ihre Talente einsetzen möchten. Ihre Gefühle spielen hier eine große Rolle: Mit welcher Zielgruppe fühlen Sie sich wohl? Es hat zum Beispiel schon öfter den Fall gegeben, dass jemand erst nach Abschluss eines Lehramtsstudiums gemerkt hat, dass ihm die tägliche Arbeit mit Kindern und Jugendlichen überhaupt nicht liegt. Ein anderes Beispiel: Es gibt Verkäufer, die am liebsten anspruchsvolle Kunden im sogenannten Premiumsegment haben, und andere Verkäufer, die mit dieser Zielgruppe überhaupt nicht klarkommen. Manche Verkäufer sind bei reichen Leuten oder Prominenten sogar unsicher.

Übung 10.2 Zielbereiche und Zielgruppe

In dieser Übung finden Sie heraus, wo und für wen Sie tätig sein möchten. Wem wollen Sie helfen? Wessen Leben möchten Sie bereichern? Welchen Menschen wollen Sie etwas vermitteln? Überlegen Sie gleichzeitig auch: Mit welchen Menschen sind Sie gerne zusammen? Für wen arbeiten Sie generell gerne? Wofür haben Sie sich immer schon stark interessiert? In welchen Bereichen spüren Sie Freude? Schreiben Sie das in Ihr Notizbuch oder auf das Arbeitsblatt von meiner Website.

Erste Hilfestellung: Bisherige Erfolge

Es kann Ihnen auf die Sprünge helfen, sich Ihre Erfolgserlebnisse ein weiteres Mal anzusehen. Lesen Sie dazu nochmals Ihre Notizen aus den bisherigen Übungen. Stellen Sie sich dann folgende Fragen: Welche

Menschen haben bisher am meisten von meinen Erfolgen profitiert? Wer war daran beteiligt? Wer hat sich besonders gefreut? Mit wem habe ich mich wohlgefühlt?

Zweite Hilfestellung: Liste der Zielbereiche

Damit Sie nichts Wichtiges übersehen, finden Sie hier noch eine Liste mit möglichen Zielbereichen. Markieren Sie in der Liste den Zielbereich, der Sie am meisten anspricht. Es können auch mehrere Zielbereiche sein.

Alte Menschen
Analphabetismus
Arbeitsrecht/Gewerkschaften
Architektur
Ausländer
Bildung
Biotechnologie
Bücher
Behinderte
Benachteiligte
Computer
Darstellende Kunst
Design
Drogenabhängige
Energie
Entwicklungshilfe
Ernährung
Essen
Familie
Filme

Finanzen
Forschung
Freizeit und Erholung
Gemeinnützige Organisation
Gesundheit
Gleichberechtigung
Immobilien
Journalismus
Jugendliche
Kinder
Kirche
kranke Menschen
Kunst
Landwirtschaft
Management
Menschlichkeit
Medien
Menschenrechte
Mode
Musik

Nachrichten
Obdachlose
Öffentliche Sicherheit
Politik
Randgruppen
Reisen
Rechtswesen
Religion
Sexualität
Sozial Benachteiligte
Spiritualität
Sport
Tierschutz
Tourismus
Umwelt
Unternehmer
Verlagswesen
Verteidigung
Verwaltung
Wirtschaft
Wohnen

Definieren Sie nun Ihren Zielbereich aufgrund Ihrer eigenen Notizen und Ihrer Auswahl aus der Liste. Wenn Sie mehrere Zielbereiche haben, fragen Sie sich: Welcher ist der wichtigste?

Tipps und Hinweise zur Übung: *Bei Ihrer eigenen Definition müssen Sie Zielbereich und Zielgruppe nicht streng auseinanderhalten. Wo und für wen möchten Sie tätig sein? Formulieren Sie so, dass es für Sie selbst stimmig ist.*

Und was hat Ihre Zielgruppe jetzt davon? Wer sich einmal selbstständig gemacht oder ein Unternehmen gegründet hat, der hat sich automatisch mit dem Nutzen seines Angebots beschäftigt. Der Produktnutzen beziehungsweise der Kundennutzen einer Dienstleistung wird in einem sorgfältig erstellten Geschäftsplan genau definiert. Schließlich kaufen Kunden nicht, weil sie dem Anbieter zu seinem persönlichen Glück verhelfen wollen. Sie kaufen vielmehr, weil sie sich von dem Produkt oder der Dienstleistung einen Nutzen versprechen. Dieser Nutzen muss nicht unbedingt rational sein, sondern kann beispielsweise auch in Genuss, Freude oder Unterhaltung bestehen.

Zu einer Mission gehört es, einen Nutzen zu stiften

Jeder Mensch, der seiner Mission folgt, stiftet einen Nutzen. Egal, ob jemand Unternehmer ist oder nicht. Zur Mission gehört es, dass andere Menschen von der eigenen Tätigkeit etwas haben. Überdurchschnittlich erfolgreiche Menschen stellen es sogar in den Mittelpunkt ihrer Überlegungen, was ihre Tätigkeit anderen Menschen bringt. Sie verleugnen sich und ihre Bedürfnisse keineswegs. Doch sie wissen, dass zum Erfolg immer ein Nutzen für andere gehört. Große Erfinder und bedeutende Unternehmer haben beispielsweise immer Bedürfnisse von Menschen erkannt und hatten darauf eine Antwort. Oder sie machten vielen Menschen etwas zugänglich, das bisher einem kleinen Kreis vorbehalten war. So machte Henry Ford das Auto und Bill Gates den Computer für alle nutzbar.

Übung 10.3 Der Nutzen für Ihre Zielgruppe

Schreiben Sie auf, was die Menschen von Ihrer Tätigkeit haben. Was bringt es Ihrer Zielgruppe? Denken Sie dabei auch daran, was in den Menschen innerlich vorgeht. Beispiel: Kochen, Essen und Wohnen sind sicher Grundbedürfnisse für eine Familie. Eine schöne Küche schenkt aber auch viel Freude und ermöglicht es den Familienmitgliedern, zum gemeinsamen Essen zusammenzukommen.

Tipps und Hinweise zur Übung: *Für den Nutzen gibt es kein eigenes Übungsblatt. Manchmal kann es sein, dass sich der Nutzen nicht so klar definieren lässt. Formulieren Sie den Nutzen Ihrer Tätigkeit nur dann, wenn Ihnen das problemlos möglich ist.*

Sie haben sich nun drei Elemente erarbeitet: Erstens, was Sie leidenschaftlich gerne tun. Zweitens, in welchem Zielbereich und für welche Zielgruppe Sie das tun möchten. Und schließlich drittens, welchen Nutzen Sie mit Ihrer Tätigkeit für Ihre Zielgruppe stiften. Damit halten Sie die Bausteine für Ihre persönliche Mission bereits in der Hand. Im folgenden Abschnitt werden Sie dann Ihre vollständige Mission – Englisch auch »mission statement« genannt – formulieren.

Schreiben Sie Ihr persönliches Mission Statement auf!

In diesem Teil des Buchs geht es um Ihre Ziele, Ihre Mission und Ihre Vision. Die Mission ist das, was aus der Seele kommt und Ihre konkreten Ziele mit Ihrer Vision auf ganz natürliche Weise verknüpft. Mit Ihrer Mission hinterlassen Sie Spuren in der Welt. Eines haben Ziele, Mission und Vision gemeinsam: Sie wirken ganz besonders kraftvoll auf unser Unterbewusstsein, wenn wir sie aufschreiben. Und genau wie bei den Zielen sollten Sie bei der schriftlichen Formulierung Ihres Mission Statements ein paar handwerkliche Regeln beachten. Eine unklar formulierte Mission hat nämlich keine Kraft. Einige Leserinnen und Leser haben in der Vergangenheit wahrscheinlich schon einmal für ihr Unternehmen ein Mission Statement entwickelt. Entweder alleine oder mit einem Berater in einem Workshop. Manchmal sind die Ergebnisse enttäuschend. Die Mission ist gut gemeint, aber zu kompliziert und zu ungenau in der Aussage.

Die Mission klar formulieren – dafür gibt es Regeln

Beachten Sie bei einem Mission Statement – egal, ob für Sie persönlich oder für Ihr Unternehmen – zunächst die folgenden drei Grundregeln:

1. Nicht mehr als zwei Sätze schreiben.
2. Einfach formulieren – auch ein Zwölfjähriger soll es verstehen.
3. Für Wiederholbarkeit in jeder Lage sorgen.

Manche Mission macht zwar Sinn, ist aber viel zu lang und zu kompliziert. Weniger ist mehr! Das gilt auch für die Formulierungen. »Getretener Quark wird breit, nicht stark«, sagte schon Goethe. Im Business neigt man manchmal dazu, sich durch gewählte Formulierungen mehr Glanz verschaffen zu wollen. Das geht oft auf Kosten der Klarheit und damit der Kraft der Aussage.

Hier sind einige Beispiele für gut formulierte Missions-Sätze:

- *Meine Mission ist es, Toleranz gegenüber Randgruppen aufzubauen, zu leben und zu vermitteln.*
- *Eine Umgebung des Wachstums und der Herausforderung zu schaffen, zu pflegen und zu unterhalten für … ist meine Mission.*
- *Meine Mission: Junge Unternehmerinnen und Unternehmer begeistern und ermutigen ihre Identität zu finden. Sie werden dadurch …*
- *Meine Mission ist es, kranke Menschen in Krisenzeiten zu pflegen und zu versorgen, um damit ihre Schmerzen zu mildern.*
- *Die Natur und Umwelt zu schützen und zu bewahren und ihre wilde Schönheit jungen Menschen zu zeigen, das ist meine Mission.*
- *Meine Mission ist es, Benachteiligten Wachstum und Entwicklung zu ermöglichen, damit sie ihr Potenzial entfalten können.*
- *Meine Mission ist es, Menschen typgerecht mit Mode zu erfreuen, zu bekräftigen und einzigartig zu kleiden. Damit fühlen sie sich in sich selbst wohl und strahlen Selbstbewusstsein aus.*
- *Eine gesunde Lebensweise für alleinstehende Mütter zu fördern, damit Körper, Seele und Geist genährt und erfüllt sein können, das ist meine Mission.*

Die Mission hat viel mit Ihren Werten zu tun

Diese Beispiele zeigen bereits, dass eine gut formulierte Mission typischerweise die drei Elemente enthält, die Sie bis jetzt erarbeitet haben: eine Tätigkeit, einen Zielbereich bzw. eine Zielgruppe sowie den Nutzen für diese Zielgruppe. In die Formulierung einer Mission spielen außerdem die Werte eines Menschen stark hinein. Ihre Werte sind ja das Fundament für alles, was Sie tun. Die ganz bestimmte Art und Weise, wie Sie an das Leben herangehen, hängt von Ihren Werten ab. Ich zum Beispiel möchte Menschen nicht nur begeistern, sondern auch in Freiheit dazu bewegen, ihre eigene Begeisterung zu leben. Denn Freiheit ist einer meiner wichtigsten Werte. Wenn Ihnen ebenfalls ein bestimmter Wert besonders wichtig ist, dann können Sie ihn in die Formulierung Ihrer Mission integrieren.

Übung 10.4 Ihre persönliche Mission

Schreiben Sie Ihre persönliche Mission auf! Nutzen Sie dazu Ihr Notizbuch oder laden Sie das Übungsblatt von meiner Website herunter. Rufen Sie sich dazu zunächst die drei wichtigsten Bausteine in Erinnerung:

1. *Ihre drei Verben*
2. *Zielbereich bzw. Zielgruppe*
3. *Nutzen für die Zielgruppe*

Bilden Sie jetzt einen einfachen Satz, maximal zwei Sätze, aus diesen drei Elementen. Was ist Ihre Berufung, Ihre Lebensaufgabe, die »große Idee« hinter dem, womit Sie Ihre Zeit verbringen?

- *Beginnen Sie Ihren Satz am besten so: »Meine Mission ist es, …«*
- *Feilen Sie an Ihrem Mission Statement so lange, bis alles passt.*

Tipps und Hinweise zur Übung: *Den Nutzen berücksichtigen Sie, sofern dieser einfach und klar formulierbar ist. Vielleicht ist Ihnen ein ganz bestimmter Wert besonders wichtig. Dann bauen Sie diesen ruhig in die Formulierung ein.*

Ob Sie es glauben oder nicht – Sie haben nun Ihre persönliche Mission entdeckt und schriftlich ausformuliert! Ihre Mission ist nicht einfach nur irgendein Satz. Es ist ein Leitsatz, der Ihrem Handeln Sinn gibt. Lesen Sie Ihre fertige Mission mehrere Tage lang immer wieder laut. Am besten lernen Sie Ihren Missionssatz auswendig. Da Sie Ihre Mission ohnehin in Ihrem Herzen tragen und diese mithilfe der Übungen lediglich entdeckt haben, sollte Ihnen das Auswendiglernen leichtfallen. Meine Mission setzt sich übrigens wie folgt zusammen:

Die fertige Mission: Leitsatz für sinnvolles Handeln

Ich bin Wolfgang Allgäuer, meine Mission ist es, erfolgshungrige Menschen	= Zielbereich (Zielgruppe)
zu begeistern, beleben und bewegen	= Verben
zu einem begeisterten Leben mit Gott in Familie, Beruf und Freizeit.	= Nutzen

Wenn Sie Ihre fertig ausformulierte Mission betrachten, dann sehen Sie vielleicht nochmals, wie wichtig es war, sich in Teil II des Buchs zunächst mit Ihren Ressourcen befasst zu haben. Nicht nur Ihre Ziele sind an Ihre Ressourcen gebunden, sondern auch Ihre Mission ist es. Wir können nur geben, was wir auch haben. Deshalb müssen wir unsere Ressourcen kennen, um etwas geben zu können. Der gute Wille, für andere Menschen einen Nutzen zu stiften, genügt nicht. Nur wenn insbesondere unsere Talente und Fähigkeiten diesem Nutzen auch entsprechen, werden Menschen das Angebot gerne annehmen und hinterher zufrieden sein.

So läuft der Laden: Tipps für Teams und Unternehmen

Das sogenannte Leitbild fristet in vielen Unternehmen ein Schattendasein. Oft werden mit viel Aufwand Unternehmensleitsätze entwickelt, die anschließend niemanden so recht interessieren. Auch bei meinem Unternehmen war es vor vielen Jahren einmal so. Die Leitsätze haben wenig gebracht. Heute weiß ich, dass es auch für Unternehmen mehr auf klare Mission ankommt als auf gut gemeinte Leitsätze. Genau wie jeder Mensch einmalig ist, ist auch jedes Unternehmen einmalig. Dieser typische »Fingerabdruck«, die »Unternehmens-DNS«, wird in der Mission sichtbar. Bei außergewöhnlich erfolgreichen Unternehmen ist immer auch die Mission klar.

Fragen Sie sich auch in Ihrem Unternehmen einmal: Was ist die Tätigkeit, zu der wir im Markt sind? Was bringt für uns als Team Freude, Lust und Begeisterung? Welchen Nutzen stiften wir für welche Zielgruppe? Formulieren Sie dann schriftlich Ihre Mission. Begeisterung muss in jedem Fall sein. Egal, ob Sie Einzelunternehmer sind oder hundert Mitarbeiter haben. Die Begeisterung gründet sich auf die Leidenschaft des Unternehmers und auf die Fähigkeiten und Tätigkeiten der Mitarbeiter.

- *Für welche Tätigkeiten (Produkte, Lösungen) bringen wir Leidenschaft mit?*
- *Wo ist das gesamte Team mit Lust und Liebe bei der Sache?*
- *Welche Tätigkeit geht uns am leichtesten von der Hand?*
- *Was tun wir am liebsten – oder würden es am liebsten tun, wenn wir könnten?*
- *Wozu ist unser Unternehmen am besten geeignet?*
- *Wo erleben wir die größte Anziehungskraft auf Mitarbeiter (Bewerber), Kunden und Lieferanten?*
- *Wie können wir in Zukunft noch mehr Nutzen stiften?*

Manchmal höre ich von Unternehmern: »So ein Mission Statement ist ja nett – aber damit mache ich nicht mehr Gewinn!« Ich bin da anderer Meinung. Ein Unternehmen mit einer Mission konzentriert sich auf das, was es am besten kann, was die Mitarbeiter mit Liebe und Hingabe tun und was einer bestimmten Zielgruppe den höchsten Nutzen stiftet. Dieser Nutzen strahlt aus und zieht Kunden an, die schließlich für Umsatz und Gewinn sorgen. Ihre Zielgruppe ist keine Melkkuh! Die erfolgreichsten Unternehmen beschäftigen sich immer wieder mit dem Kundennutzen. Und dieser ist Teil der Mission.

Kapitel 11

Binde deinen Karren an einen Stern.
Leonardo da Vinci

Was für Sie zählt: Vision

Bald besteht die Firma von Simon Thaler zehn Jahre. Gemeinsam mit seinem Coach Manfred Brenner sitzt Simon im Büro und macht sich Gedanken über die Jubiläumsfeier.

»Wahrscheinlich erwarten die Leute eine Rede von mir«, sagt Simon und legt die Stirn in Falten. »Ich weiß überhaupt nicht, was ich sagen soll.«

»Wenn du die Mitarbeiter und Gäste nicht langweilen willst«, entgegnet der erfahrene Redner Manfred, »dann halte dich nicht mit Zahlen und Daten auf. Sprich lieber über deine Vision als Unternehmer! Und mach deinen Mitarbeitern klar, was sie von deiner Vision haben.«

»Was ist denn meine Vision?«, fragt Simon ratlos.

»Jetzt ist die beste Gelegenheit, es herauszufinden«, meint Manfred. »Bis zur Feier ist ja noch etwas Zeit. Wenn du deine Vision klar hast und aus ganzem Herzen vermitteln kannst, dann zündest du in deiner Rede ein Feuerwerk der Begeisterung.«

Simon strahlt. »Und danach«, meint der Unternehmer schmunzelnd, »machen wir noch ein richtiges Feuerwerk!«

Jetzt naht ein besonderer Moment in Ihrem Leben. Ja, Sie haben richtig gelesen. Ich übertreibe kein bisschen. Ihre Vision zu formulieren ist etwas ganz Besonderes! Sie schauen auf das, was jenseits Ihres Alltags liegt. Hinter dem Horizont. Eine Vision ist nicht einfach ein weiteres großes Ziel, das Sie innerhalb von zwei Jahren erreichen können. Ihre Vision ist vielmehr so etwas wie das Überziel Ihres ganzen Lebens. Es ist ein Bild davon, wie Sie sich die Zukunft für sich wünschen. Es ist der Ort, an dem sich für Sie Himmel und Erde berühren. Somit ist eine Vision auch mehr als ein Traum. Ihre Vision ist das, was in Ihrem Leben einmal stattfinden soll, wenn Sie dort hingelangt sind, wo Sie hinwollen. Sie kennen seit dem vorherigen Kapitel bereits Ihre Mission. Die Vision ist das, was aus Ihrer Mission heraus erwächst. Sie ist gewissermaßen das in der Zukunft vollendete Werk, das fertige Bild Ihres Lebens.

Eine Vision ist ein Bild von Ihrer gewünschten Zukunft

Lassen Sie mich Ihnen ein außergewöhnliches Beispiel für eine starke Vision geben. Im Technikmuseum in Speyer ist ein Brief ausgestellt, den ein Elfjähriger im Jahr 1969 an den Astronauten Neil Armstrong geschickt hat. Der Junge schrieb an den ersten Menschen, der den Mond betreten hat:

> *Ich freute mich ebenso wie Sie, als Sie die Oberfläche des Mondes betraten. Wie gerne wäre ich dabei gewesen. Dafür sah ich aber die Direktübertragung. Ich verfolgte den ganzen Flug voll Spannung. – Wenn ich erwachsen bin, möchte ich auch einmal so ein Astronaut wie Sie werden. Es ist sicher sehr schön, im Weltraum mit einem Raumschiff zu fahren.*

Der Autor dieser Zeilen heißt Thomas Reiter. Als Erwachsener ist er gleich zweimal ins Weltall geflogen: 1995 und 2006. Er hat die verrückte Vision, die er als Elfjähriger hatte, konsequent verfolgt: Nach dem Schulabschluss im Jahr 1977 verpflichtete er sich für die deutsche Luftwaffe. An der Universität der Bundeswehr in München studierte er Luft- und Raumfahrttechnik. In den USA und Deutschland ließ er sich anschließend zum Jetpiloten und Testpiloten ausbilden. Bei der britischen Testpilotenschule ETPS erwarb er zusätzlich ein Diplom 1. Klasse. Schließlich wurde er 1989 von der europäischen Weltraumorganisation ESA unter 22 000 Bewerbern als Astronaut ausgewählt. So ist Thomas Reiter tatsächlich dort hingekommen, wo er sich schon mit elf Jahren gesehen hat! Seine Vision führte ihn Schritt für Schritt an die Stationen, die es ihm ermöglichten, Raumfahrer zu werden.

Warum eine Vision so mächtig ist

Wenige Menschen haben eine klare Vision für ihre Zukunft. Das gilt leider auch für Unternehmer und Selbstständige. Mit Zielen beschäftigen sich viele Unternehmer noch bereitwillig. Mission und Vision werden dann gerne ausgelassen. Oder sie werden mit nebulösen Gemeinplätzen bestritten. Beispiel: »Unsere Vision ist es, unsere Kunden zu inspirieren und immer wieder zu ihrem Erfolg beizutragen.« Solche ungenauen Formulierungen drücken keine echte Vision aus. Warum bringen so wenige Menschen eine klare Vision zu Papier? Oft steckt Angst dahinter. Man will sich lieber nicht so genau festlegen. Denn man befürchtet, den eigenen Ansprüchen am Ende nicht genügen zu können. Das ist nicht nur falsch, sondern auch eine gigantische Energieverschwendung! Eine erfüllende Mission und eine klare Vision setzen enorme Energie frei. Eine Vision sichert gerade den Erfolg und minimiert das Risiko des Versagens. Mehr noch: Eine Vision trägt durch gute wie durch schlechte Tage. Rückschläge erleidet jeder Mensch und jedes Unternehmen. Doch wer weiß, was hinterm Horizont auf ihn wartet, der bleibt nicht einfach unterwegs stehen. Auch wenn es einmal schwer ist.

Keine Vision zu besitzen ist Energieverschwendung!

Eines der besten Bilder für eine Vision steckt für mich schon in der Bibel: Im zweiten Buch Mose verlässt das Volk Israel Ägypten. Aus der Unterdrückung durch die Pharaonen bricht es auf zu einem Leben in Freiheit und Selbstbestimmung. Doch um in das »gelobte Land« zu kommen, muss das Volk die Wüste durchqueren. Gott begleitet sein Volk während der Wüstenwanderung, indem er tagsüber in einer Wolkensäule vor den Menschen herzieht, um ihnen den Weg zu zeigen, und nachts in einer Feuersäule, um ihnen zu leuchten. Die Wolkensäule und die Feuersäule sind das, was eine Vision ausmacht. Sie sind immer ein Stück voraus und weisen den Weg. Sie sind in hellen Stunden und in dunklen Stunden sichtbar. Und sie führen in das gelobte Land. Wenn Sie eine Vision haben, dann gibt es in Ihrem Leben eine große Idee, die »Big idea«. Hier entsteht das Feuer! Von hier kommt der Funke, und die Flamme der Begeisterung beginnt zu brennen. Also nur Mut zur großen Idee!

Übung 11.1 Leben ohne Begrenzungen

Die folgende Übung ist ein mutiges Gedankenspiel. Was würden Sie mit Ihrem Leben anfangen, wenn es keine Begrenzungen gäbe? Stellen Sie sich Folgendes vor: Geld und Zeit spielen keine Rolle. Sie haben alle Ressourcen, die Sie sich wünschen. Sie wissen sicher, dass jeder Misserfolg ausgeschlossen ist. Schreiben Sie Ihre Gedanken in Ihr Notizbuch. Was machen Sie, wenn plötzlich alles möglich ist? Was erleben Sie? Wem begegnen Sie? Welche Spuren hinterlassen Sie in der Welt?

Tipps und Hinweise zur Übung: *Wenn Sie etwas Inspiration benötigen, dann schauen Sie sich vorher die Zusammenfassungen Ihrer Träume und Ziele noch einmal an. Welche Bilder entstehen da, insbesondere bei Ihren Träumen? In Ihrer Fantasie können Sie jetzt einmal jeden Traum erreichen! Was »die anderen« dann von Ihnen denken, spielt überhaupt keine Rolle. Denken Sie groß!*

Vielleicht fragen Sie sich ja, was genau der Unterschied zwischen einer Mission und einer Vision ist. Beides hat mit Sinn zu tun und macht Ihr Leben lebenswert. Die Mission ist dabei jedoch auf die Gegenwart bezogen und die Vision auf die Zukunft. Ihre Mission ist das, was Sie hier und jetzt tun, wenn Sie ganz bei sich sind. Ihre Vision ist das, was einmal sein soll. Sie beschreibt, wo Sie hin möchten. Ziele, Mission und Vision, um die es in diesem Teil des Buchs geht, lassen sich auch wie folgt unterscheiden: Bei den Zielen geht es ums Haben. Bei der Mission geht es ums Machen. Und bei der Vision geht es ums Sein.

Mission heißt Machen in der Gegenwart; Vision heißt Sein in der Zukunft

Sie haben zum Beispiel einen bestimmten Umsatz erreicht oder haben Ihr Traumhaus gebaut. Beides waren Ihre Ziele. Wenn es Ihre Mission ist, Menschen zu helfen, dann machen Sie das auch. Bei Ihrer Vision sind Sie irgendwann am Ort Ihrer Träume. Und Sie sind dann auch der Mensch, der Sie sein können und wollen. Allerdings zieht eine kraftvolle Vision immer schon in den Alltag ein. Sie beeinflusst die berufliche Tätigkeit. Zu meiner Vision gehörte zum Beispiel, eines Tages nur noch Reden zu halten. Doch auch als Geschäftsführer von »olina Küchen« habe ich bereits regelmäßig vor Publikum gesprochen.

Ihre klare Vision entstehen lassen

Seit ich begonnen habe, mich dafür zu interessieren, wie es bestimmten Menschen gelingt, ein außergewöhnlich erfolgreiches Leben zu leben, habe ich hunderte Bücher gelesen und unzählige Seminare besucht. So wertvoll die Impulse aus etlichen Büchern und vielen Seminaren auch waren, so sehr blieb ich dennoch unzufrieden. Ich ahnte, dass mein Leben längst aus mehr besteht, als ich bei Autoren lesen oder von Trainern lernen konnte. Ich hatte das Gefühl, längst Dinge in mein Leben zu ziehen, die immer schon in mir angelegt waren. Mehr und mehr nahm ich mir Zeit, tief in mich hineinzuhören. Was steckt in mir drin? Ich begann, mich auf eine Berghütte zurückzuziehen und das zu notieren, was ich in mir selbst fand. Eines Tages stieß ich dann auf die folgende Weisheitsgeschichte eines unbekannten Autors:

In Ihrem Inneren finden Sie Ihre Vision

Lange schon suchten die Menschen vergeblich nach der Weisheit des Universums. Da wollten die drei wichtigsten Götter den Menschen die Weisheit offenbaren. Doch was wäre, wenn die Menschen die Weisheit entdeckten, ohne bereits reif dafür zu sein? Also beschlossen die Götter, die Weisheit auf der Erde zu verstecken, und suchten dafür nach einem sicheren Ort.
Der erste Gott schlug vor, die Weisheit auf dem höchsten Berg zu verstecken. Doch sie erkannten, dass der Mensch eines Tages alle Berge erklimmen würde.
Der zweite Gott schlug vor, die Weisheit an der tiefsten Stelle des Meeres zu verbergen. Doch auch dort könnten die Menschen sie eines Tages finden.
Da sagte der dritte und weiseste Gott: »Lasst uns die Weisheit des Universums im Menschen selbst verstecken. Er wird dort erst danach suchen, wenn er reif genug ist. Das ist er dann, wenn er den Weg in sein Inneres geht.«
Und so geschah es.

Auch Ihre Vision kommt nicht von irgendwo her. Sie liegt längst in Ihnen verborgen. Sie ist einer der Zündfunken, die Ihnen ein begeistertes Leben ermöglichen. Alles, was Sie für Ihre Vision benötigen, tragen Sie bereits in Ihrem Herzen! Deshalb ist es auch leichter, eine Vision zu formulieren, als viele denken. Ähnlich wie schon bei den Zielen und der

Mission ist es letztlich Handwerk, die Vision zu entdecken und auf den Punkt zu bringen. Und genau darum soll es jetzt gehen.

Für einige Leserinnen und Leser ist die Vision vielleicht jetzt schon klar. Ist da etwas, das Sie anzieht wie ein Magnet? Spätestens, seit Sie sich mit Ihren Träumen und Zielen nochmals befasst haben? Dann bleiben Sie an dem Gedanken dran! Sie können nur richtig liegen. Wenn Sie noch nicht so klar sehen, dann kann es Ihnen helfen, zunächst Ihr wichtigstes Ziel auszuwählen. Daraus leiten Sie dann Ihre Vision ab.

Ihr wichtigstes Ziel als Vorstufe zur Vision

In Übung 9.3 haben Sie Ihre acht wichtigsten Ziele bestimmt – quer durch alle Lebensbereiche. Holen Sie diese Hitliste nun noch einmal hervor. Jetzt lassen Sie diese acht Ziele wie bei einer Fußball-WM gegeneinander antreten. Ziel 1 spielt gegen Ziel 2, Ziel 3 gegen Ziel 4 und so weiter. Das Ziel, welches jeweils gewinnt, kommt in die nächste Runde. Es gewinnt jeweils das Ziel, welches von den zweien Ihnen wichtiger ist. So sind es nach dem »Viertelfinale« noch vier Ziele, nach dem »Halbfinale« nur noch zwei, bis schließlich im »Finale« Ihr wichtigstes Ziel gewinnt!

Haben Sie Ihr wichtigstes Ziel gefunden? Egal, ob Sie aus Ihren acht wichtigsten Zielen einen Sieger gekürt haben oder ob Ihnen vorher schon klar war, in welche Richtung es für Sie gehen soll: Von nun an zählt nur noch das, was Ihnen zutiefst am Herzen liegt. Also nicht, wovon Sie glauben, dass es richtig wäre. Bitte keine moralischen Wertungen! Es geht ausschließlich um Sie, nicht um Anerkennung durch die Gesellschaft.

Ihre Vision ist der göttliche Funke, der in Ihnen ist. Der Schriftsteller und Philosoph Henry David Thoreau hat es so ausgedrückt:

Was vor uns liegt und was hinter uns liegt, sind Kleinigkeiten zu dem, was in uns liegt. Und wenn wir das, was in uns liegt, nach außen in die Welt tragen, geschehen Wunder.

Tragen Sie Ihren göttlichen Funken jetzt nach außen! Dieser göttliche Funke in Ihnen wartet darauf, Ihr Leben zu einem begeisterten Leben zu entzünden. Jetzt ist der besondere Moment in Ihrem Leben da. Seien Sie mutig und formulieren Sie Ihre Vision! Alle Bausteine dafür haben Sie in der Hand. Also: Was ist das Überziel Ihres Lebens? Wo berühren sich Himmel und Erde für Sie? Noch ein Tipp dazu: Bei einer Vision dürfen Pflichterfüllung, Leistungsdruck oder Stress keine Rolle spielen. Sobald Sie sich beispielsweise sagen: »Das wird sicher alles ganz schön anstrengend!«, ist es keine Vision. Bei einer Vision singt Ihr Herz vor Freude und Ihr Kopf sagt immer nur: Ja, ja, ja! Da will ich unbedingt hin!

Übung 11.2 Ihre Vision

Formulieren Sie in ein bis zwei Sätzen Ihre Vision. Nutzen Sie hierfür Ihr Notizbuch oder laden Sie das Übungsblatt von meiner Website herunter. Was ist das Überziel Ihres Lebens? Was soll aus Ihrer Mission einmal Großes entstehen? Formulieren Sie einfach und klar. Auch ein Zwölfjähriger soll Ihre Vision verstehen können. Wenn Sie mögen, dann beginnen Sie mit Ihrem vollständigen Namen.

Tipps und Hinweise zur Übung: *Der Wortlaut und die Grammatik sind nicht so wichtig. Nur Sie allein müssen Ihre Vision verstehen. Auch werden Sie an der Formulierung in der nächsten Zeit bestimmt noch einmal feilen. Was Sie hier spontan aufschreiben, ist wie ein Rohdiamant, der noch geschliffen werden sollte.*

Wenn Sie Ihre Vision formuliert haben, dann behalten Sie diese am besten erst einmal für sich. Freuen Sie sich still. Besiegen Sie Ihr Mitteilungsbedürfnis und schweigen Sie. Die Kritik anderer kann an dieser Stelle viel zerstören. Sätze wie »Das schaffst du doch nie!« oder »Bist du verrückt geworden?« rauben Ihrer Vision die Kraft, kaum dass sie auf dem Papier steht. Bereits ein skeptischer Blick der Partnerin beziehungsweise des Partners oder von Freunden kann die Vision schwächen. Lassen Sie Ihre Vision lieber in Ihrem Inneren reifen und die ganze Kraft entfalten. Wenn Sie diesen Prozess aktiv verstärken wollen, dann können Sie Ihre Vision jetzt noch visualisieren. Versetzen Sie sich dazu in einen meditativen Zustand. Malen Sie sich in Gedanken ein Bild aus, wie es ist, wenn Ihre Vision Wirklichkeit geworden ist. Mit allem, was dazugehört. Sie können auch im Kopf eine Art Film ablaufen lassen. Bringen Sie in jedem Fall Emotionen ins Spiel! Schenken Sie jedem Detail Ihre Auf-

Schützen Sie die Vision vor der Kritik anderer

merksamkeit! Wem begegnen Sie? Was geschieht alles? Was befindet sich um Sie herum? Was fühlen Sie? Was macht Sie besonders glücklich? Im nächsten Kapitel finden Sie noch genauere Hinweise fürs Visualisieren.

Erinnern Sie sich an die Wolke und die Feuersäule aus der Bibel? Beide waren dem Volk Israel immer ein Stück voraus. Und trotzdem waren sie den Menschen auf dem Weg ganz nahe. So ist es auch mit Ihrer Vision. Sie mag Ihnen jetzt noch weit weg vorkommen. Aber Sie können täglich auf sie schauen. Eine Vision hilft Ihnen, sich auf das Wichtige in Ihrem Leben zu konzentrieren. Auch ist es dann oft so, dass das Leben Sie ganz automatisch dorthin führt, wo Sie das erhalten oder lernen, was Sie für die Verwirklichung Ihrer Vision brauchen. Denken Sie an Thomas Reiter, der durch sein Studium der Luft- und Raumfahrt und seine Ausbildungen als Jet- und Testpilot schließlich alle Voraussetzungen mitbrachte, um tatsächlich als Astronaut ausgewählt zu werden. Der Kanadier Wayne Gretzky, für viele der beste Eishockeyspieler aller Zeiten, hat einmal gesagt: »Die meisten Spieler sind ziemlich gut, aber sie gehen dahin, wo der Puck ist. Ich gehe dahin, wo der Puck sein wird.«

Ihr vollständiges Lebensleitbild aufschreiben

Alle bedeutenden Menschen haben ihre Mission und ihre Vision gekannt. Sie besaßen Klarheit über ihre Lebensaufgabe. Jesus von Nazareth kam, um zu lehren und zu heilen. Er wollte, dass Menschen sich an ihre Verbindung mit Gott erinnern und ein Leben in Frieden, Freude und Fülle haben. Nelson Mandela saß als politischer Häftling dreißig Jahre im Gefängnis. Das Angebot der südafrikanischen Regierung, auf freien Fuß zu kommen, sofern er seine Mission aufgäbe, schlug er aus. Seine Vision war ein gerechter Staat, in dem Menschen jeder Hautfarbe gleichgestellt sind. Nach seiner Freilassung wurde er zum ersten schwarzen Präsidenten Südafrikas gewählt. Und seine Vision wurde Wirklichkeit. Mutter Teresa hat in Kalkutta den Ärmsten der Armen gedient und über 500 Armenhäuser errichtet. Ihre Vision war die Liebe mitten im Elend. Diese Liebe lebte sie den Menschen tagtäglich vor.

Bedeutende Menschen wissen, was sie wollen

Henry Ford war ein begeisterter Ingenieur und Tüftler, der ganze Nächte am Zeichentisch verbrachte. Seine Vision formulierte er um 1900 so: »Ich werde ein Auto bauen, das so preiswert ist, dass jedermann mit einem normalen Lohn es sich wird leisten können.« Die Geldgeber misstrauten Ford. Immer wieder stand er vor dem Ruin. Doch nach nur einem Jahrzehnt war Henry Fords Vision Wirklichkeit geworden: Das »Modell T« rollte millionenfach über die Straßen. 1918 war jedes zweite Auto in den USA eine »Tin Lizzy«. Zwischen 1908 und 1927 wurden fünfzehn Millionen Stück gebaut. Der Kaufpreis war mit 280 Dollar so niedrig, wie es Fords Vision entsprach. Niemand hatte das für möglich gehalten.

Menschen, die ihre Mission und Vision für sich definiert haben, sind nicht mehr Spielball von Umständen. Sie wissen von innen heraus, was sie wollen, und gehen mit großer Klarheit und Konsequenz ihren Weg. Sie können Rückschläge verarbeiten, ohne an sich selbst zu zweifeln. Ja, sie machen auch dann noch weiter, wenn andere längst aufgeben. Nelson Mandela stellte sich in seiner winzigen Zelle auf der Gefängnisinsel Robben Island immer wieder vor, wie es sein würde, eines Tages als freier Mann barfuß durch das hohe Gras der Savanne zu streifen, unter einer wärmenden Sonne und mit Blick auf die Weite des Horizonts. Er zweifelte nie daran, wieder freizukommen, um seine Mission zu vollenden und seine Vision Wirklichkeit werden zu lassen.

Menschen, die Bedeutendes leisteten, hatten ein Lebensleitbild. Solche Menschen besaßen nicht nur eine Mission und eine Vision, sondern Mission und Vision stimmten auch mit ihren Ressourcen überein. Auch Sie können jetzt Ihr Lebensleitbild erstellen. Was gehört für Sie zu einem begeisterten erfüllten Leben? Sämtliche Elemente haben Sie sich bereits erarbeitet. Sie brauchen diese jetzt nur noch zusammenzufassen.

Was gehört für Sie zu einem begeisterten Leben?

Übung 11.3 Ihr Lebensleitbild

Schreiben Sie jetzt auf, was Ihr begeistertes Leben ausmacht! Alles, was Sie dafür brauchen, finden Sie in Ihren Notizen. Schreiben Sie zunächst Ihren vollständigen Namen. Ergänzen Sie dann Ihren Fantasienamenaus Kapitel 3. Schreiben Sie auf, was Sie beruflich tun oder was Ihre Passion ist. Bringen Sie dann Mission, Vision, Werte, Talente,

Energien und Antriebe nochmals auf den Punkt. Hier noch einmal alles in dieser Reihenfolge:
Ich bin (Name) …
Ich bin (Fantasiename) …
Das tue ich: (Beruf, Passion) …
Meine Mission ist …
Meine Vision ist …
Dabei ist mir wichtig (Werte) …
Ich kann gut (Talente) …
Energie gibt mir …
Mein Turbo ist …

Tipps und Hinweise zur Übung: *Schreiben Sie Ihr Lebensleitbild am besten auf ein separates Blatt. Sie können dazu das Übungsblatt von meiner Website verwenden. Vielleicht möchten Sie Ihr Lebensleitbild auch am Computer schreiben, ausdrucken und an einem Ort aufhängen, wo Sie es die nächsten Wochen immer wieder anschauen können. Schützen Sie Ihr Dokument dabei jedoch vor neugierigen Blicken.*

Der Funke, der das Feuer anzündet, ist das Entscheidende. Damit etwas brennt, muss es einen Funken geben. Diesen Funken zu einem begeisterten Leben haben Sie nun entdeckt. Sie kennen Ihre Mission und Ihre Vision. Und Sie wissen, welche Ressourcen Ihnen dafür zur Verfügung stehen. Wer seine Vision gefunden hat oder zumindest erahnt, welche Kraft darin liegen kann, der wird nicht mehr ruhen, bis er weiß, was er mit seinem Leben anfangen will. Schwierigkeiten wird es immer wieder geben. Manche Menschen müssen viele dunkle Täler durchschreiten. Sie wissen nicht, wie tief diese sind und wie lange es dauert, bis es wieder heller wird. Doch die Vision ist auch dann da. Sie leuchtet hinter dem Horizont. Von dorther kommt das Feuer.

So läuft der Laden: Tipps für Teams und Unternehmen

Eine Vision zu haben und diese klar vermitteln zu können, zählt zu den wichtigsten Eigenschaften von Führungspersönlichkeiten. Das belegen zahlreiche Studien. Alle großen Unternehmer hatten und haben eine Vision. Die Vision ist für ein Unternehmen eine der größten Kraftquellen. Es lohnt sich also, an der Unternehmensvision zu arbeiten. Was aber ist eine Unternehmensvision? Werner Berschneider definiert sie in seinem Buch »Sinnzentrierte Unternehmensführung« so: »Eine Vision ist ein klares und plastisches Bild von der Zukunft, die ein Unternehmen erschaffen oder herbeiführen will.«

Wichtig ist, dass die Vision für die Mitarbeitenden nicht zu weit weg ist! Eine Unternehmensvision muss greifbarer und konkreter sein als eine persönliche Lebensvision. Sonst können die Mitarbeiter nichts damit anfangen. Beziehen Sie deshalb die Mitarbeiterinnen und Mitarbeiter Ihrer Firma mit ein. Klären Sie gemeinsam und formulieren Sie gemeinsam, was Ihre gemeinsame Vision ist. Die Mehrheit der Mitarbeiter muss die Vision als sinnvoll erkennen. Aber Achtung: Lassen Sie nicht zu, dass die Vision kleingeredet wird. Auch eine Unternehmensvision ist nicht einfach ein weiteres Ziel, das sich in zwei Jahren locker erreichen lässt.

Vielleicht kennen Sie die folgende kleine Geschichte von den drei Steinmetzen: Ein Wanderer kommt an eine Stelle, wo Männer Steine behauen. Er fragt den ersten: »Was tust du hier?« Dieser antwortet: »Steine klopfen.« Das befriedigt die Neugier des Wanderers nicht. Also fragt er den nächsten. Dieser antwortet: »Ich meißele eine Säule.« Auch das reicht dem Wanderer nicht, also fragt er einen dritten. Der antwortet strahlend: »Ich helfe mit, eine der schönsten Kathedralen zur Ehre Gottes zu bauen.«

Unternehmen ohne Vision haben bloß Steineklopfer als Mitarbeiter. Diese erledigen eine Aufgabe, können aber deren Sinn nicht erklären. Unternehmen, die zwar eine Vision haben, diese aber nicht ausreichend an die Mitarbeiter kommunizieren, haben maximal Säulenbauer. Diese verstehen nur einen Teil des Ganzen. Erst ein Unternehmen, das seine Mitarbeiter zu Visionären gemacht hat, hat Kathedralenbauer. Diese begeistern sich für das, was hinter dem Horizont liegt. Sie agieren statt zu reagieren. Sie wollen unbedingt dabei sein, wenn etwas Großes entsteht. Sie kennen Werte, Mission und Vision des Unternehmens ganz genau.

IV

Das Feuer

Die Zündfunken haben das Feuer Ihrer Begeisterung entzündet. Es brennt! Doch Funken sind noch kein dauerhaftes Feuer. Wer schon einmal ein Feuer gemacht hat, der weiß: Jedes Feuer braucht Pflege, damit es dauerhaft brennt. Man muss zum Beispiel Holzscheite nachlegen oder nicht vollständig verbranntes Holz umschichten.

Im vierten und letzten Teil dieses Buchs geht es darum, was Sie tun können, um das Feuer der Begeisterung dauerhaft zu erhalten. Wie bleiben Sie als Unternehmer Ihrer Mission und Vision treu? Wie läuft der Laden über viele Jahre? Wie gehen Sie »Feuerlöschern« aus dem Weg? Das erfahren Sie auf den folgenden Seiten.

> Die Erkenntnis, dass das Unterbewusstsein durch Gedanken gelenkt werden kann, ist vermutlich die größte Entdeckung aller Zeiten.
> *William James*

Die verborgene Kraft des Unterbewusstseins

Simon führt seinen Coach Manfred zu einer Wiese neben seinem Firmengebäude. »Hier soll er hin, der Erweiterungsbau«, erklärt Simon und deutet mit dem ausgestreckten rechten Arm über die Fläche. »Seit gestern haben wir die Baugenehmigung. Ohne Auflagen!«

Statt die Wiese zu begutachten, schaut Manfred Simon an. »Deine Augen leuchten ja!«, freut sich der Ältere.

»Ja, so wie ich mich jetzt fühle, könnte es bleiben«, bestätigt Simon. »Ich habe so richtig Lust auf die nächsten zehn Jahre als Unternehmer.«

»Dann sorge dafür, dass dir deine Begeisterung erhalten bleibt«, rät Manfred. »Pflege dein inneres Feuer.«

»Hast du einen Tipp für mich?«

»Es schlummert noch eine große Goldader in dir. Es ist die Kraft deines Unterbewusstseins. Wenn du mutig bist, dann entdecke diese Kraft. Lerne, dein Unterbewusstsein in die richtigen Bahnen zu lenken!«

Gewaltige Leistung des Unterbewusstseins

Menschliches Bewusstsein und Unterbewusstsein sind oft mit dem sichtbaren beziehungsweise unsichtbaren Teil eines Eisbergs verglichen worden. Rund neunzig Prozent des Volumens aller Eisberge befinden sich unter der Wasseroberfläche, weil die Dichte des Eises 0,920 Kilogramm pro Liter beträgt und die des Meerwassers 1,025 Kilogramm pro Liter. Das Verhältnis von Bewusstsein und Unterbewusstsein beim Menschen ist sogar noch viel extremer. Bewusst können wir maximal sechzehn Reize pro Sekunde aufnehmen. Unbewusst sind es jedoch bis zu 100 Billionen Reize pro Sekunde. Die legendäre Trainerin Vera Birkenbihl hat diese Dimension einmal beeindruckend veranschaulicht: Wenn die Leistung unseres wachen Bewusstseins fünf Millimeter lang wäre, dann käme unser Unterbewusstsein mit seiner Leistung auf elf Kilometer. Der Südtiroler Arzt und Buchautor Toni Pizzecco bringt es so auf den Punkt: »Das Unterbewusstsein stellt ein nahezu unerschöpfliches Reservoir von Wissen und Informationen dar – und das im normalen Alltag!«

Wie bei einem Eisberg ist auch beim menschlichen Bewusstsein der weitaus größte Teil »unter der Oberfläche«. (Fotomontage. Quelle: Wikipedia)

Die Größe unseres Unterbewusstseins ist Ehrfurcht gebietend. Einigen macht das Unterbewusstsein deshalb regelrecht Unbehagen. Sie möchten sich lieber nicht damit beschäftigen, was tief in ihnen vorgeht. Ich kann das gut verstehen. Sie müssen dieses Kapitel nicht lesen, wenn Ihnen dabei nicht wohl ist. Allerdings liegt eine Riesenchance in der Beschäftigung mit dem Unterbewusstsein. Es ist wie eine verborgene Goldader in uns. Es hat enorme Kraft. Und das Beste ist: Wir können es mit unserem bewussten Denken in die gewünschten Bahnen lenken! William James, der »Großvater der modernen Psychologie«, nannte diese Tatsache die »vermutlich größte Entdeckung aller Zeiten«.

Das Unterbewusstsein beeinflussen und seine Kraft nutzen

Unser Unterbewusstsein nimmt unterschiedslos alles auf und speichert es ohne Prüfung. Unterscheiden und Bewerten sind Fähigkeiten des Verstandes. Sie gehören zum Bewusstsein. Das Unterbewusstsein ist dagegen wie ein Schwamm, der immerzu aufsaugt: Positives wie Negatives, Wahres wie Falsches. Das Unterbewusstsein lässt sich widerstandslos mit dem füttern, was wir ihm geben. Es nimmt es an und speichert es. Doch damit nicht genug: Langsam, aber stetig verändert das Gespeicherte unsere Persönlichkeit und unser Leben. Neue Untersuchungen belegen beispielsweise, wie stark Computerspiele die Seele und das Gehirn verändern, wenn sie viele Stunden pro Woche gespielt werden. Alles, was unser Unterbewusstsein speichert, trägt irgendwann Früchte.

Das Unterbewusstsein saugt auf wie ein Schwamm

Das Unterbewusstsein funktioniert nach dem Prinzip von Saat und Ernte. Achten Sie deshalb auf alles, was Sie säen! Welchen Reizen setzen Sie sich aus? Und welche Gedanken denken Sie?

Wenn Sie Ihr Unterbewusstsein hauptsächlich mit negativen, besorgten, verzagten oder pessimistischen Gedanken füttern, dann nimmt es diese auf und lässt sich davon leiten. Das Gleiche gilt für negative Worte und Taten. Wenn Sie Ihr Unterbewusstsein hingegen mit mutigen, hoffnungsvollen, gläubigen, frohen, freien und optimistischen Inhalten füttern, dann wird Ihr Leben automatisch in eine kraftvolle und positive Richtung gelenkt werden. Wichtig ist zu erkennen, dass das Unterbewusstsein sowohl von außen als auch von innen mit Reizen gefüttert wird. Von außen kommen Umweltreize und fremde Gedanken. Von innen kommen Ihre eigenen Gedanken und Gefühle.

- ***Von außen gelangen ins Unterbewusstsein:*** *Medieninhalte (Fernsehen, Zeitungen, Zeitschriften, Internet, Kino, DVD); Umgebung; Gedanken und Gefühle der Partnerin* bzw. *des Partners sowie von Freunden, Kollegen, Mitarbeitern; Aussagen über Sie, vor allem Ermutigungen oder Entmutigungen.*
- ***Von innen gelangen ins Unterbewusstsein:*** *Gedanken (positive und negative gleich stark); eigene Worte; Gefühle und psychische Impulse;*

Selbstbewertungen (aufmunternde Gedanken oder Selbstverurteilung); physiologische Vorgänge im Körper.

Was von außen oder innen kommt, fällt als Saat auf fruchtbaren Boden. Beachten Sie deshalb, womit Sie sich beschäftigen. Und achten Sie vor allem auf Ihre eigenen Gedanken! Denn jeder Gedanke, den Sie denken, hat Einfluss auf Ihre Zukunft. Das klingt hart, hat aber einen klaren Vorteil: Wir sind keine Sklaven unseres Unterbewusstseins. Wir können unser Unterbewusstsein positiv beeinflussen. Ja, wir können den Schatz heben, den das Unterbewusstsein für uns bereithält. In diesem Kapitel zeige ich Ihnen drei Möglichkeiten, Ihr Unterbewusstsein zu lenken oder dessen positive Kraft zu nutzen:

Jeder Ihrer Gedanken hat Einfluss auf Ihre Zukunft

- *Intuition*
- *Mentaltraining*
- *Glaube*

Wenn Sie sich auf Ihre Intuition verlassen, dann bauen Sie auf das, was in Ihrem Unterbewusstsein bereits gespeichert ist und ohne Zutun Ihres rationalen Denkens für Sie arbeitet. Beim Mentaltraining aktivieren Sie einen besonderen Schwingungszustand Ihres Gehirns, der es Ihnen leichter ermöglicht, Ihr Unterbewusstsein mit positiven Inhalten zu füttern. Ihr Glaube ist schließlich eine innere Kraft, die Sie Ihrer Vision auf wunderbare Weise entgegenträgt. Sie können Ihren Glauben jederzeit stärken, indem Sie einen gewünschten Zustand vorwegnehmen, als ob er bereits Wirklichkeit wäre.

Der sechste Sinn: Intuition

Wie treffen Sie als Unternehmer oder Selbstständiger die meisten geschäftlichen Entscheidungen? Verlassen Sie sich auf Ihre Intuition? Oder wägen Sie Argumente gegeneinander ab? Oder hören Sie vielleicht sogar erst auf Ihr Bauchgefühl und suchen anschließend Argumente, die Ihr Gefühl bestätigen? Wenn Sie sich hauptsächlich auf Ihre Intuition verlassen, dann gehören Sie im Business nach wie vor zu einer

Die Intuition neu entdecken

Minderheit. Die meisten von uns haben gelernt, rationale Entscheidungen auf der Basis von Zahlen, Daten und Fakten zu treffen. Als Kinder hören wir meistens noch auf unsere innere Stimme. Kinder sind sehr intuitiv und kreativ. Bis zum Erwachsenenalter verlernen viele, ihrem sechsten Sinn zu vertrauen. Wir müssen unsere Intuition dann erst neu kennenlernen.

Als Unternehmer hatte ich einmal ein Schlüsselerlebnis, das mich gelehrt hat, unbedingt meiner Intuition zu vertrauen. Es war vor vielen Jahren und noch bei »Allgäuer Küchen«. Wir hatten einen Unternehmensberater ins Haus geholt, um unsere Ergebnisse zu verbessern. Er riet uns, in Einzelfällen Rabatte zu gewähren, was wir bisher strikt abgelehnt hatten. Das bringe uns mehr Umsatz und Gewinn, meinte er, weil insgesamt mehr Deckungsbeitrag erwirtschaftet würde. Alle rationalen Überlegungen passten, auf dem Papier sah die Welt glänzend aus. Auch die Verkäufer waren begeistert, weil sie nun mehr Spielraum bekommen würden. Doch in mir sperrte sich alles. Ich wusste intuitiv: Das sind nicht wir! Aber ich traute mich nicht, die Sache zu stoppen, weil ich meine Intuition niemandem erklären konnte. Die Maßnahme geriet dann zum größten finanziellen Debakel, das wir jemals erlebt haben. Die Rabatte wurden nämlich nicht in Einzelfällen, sondern jedes Mal gewährt. Und der Umsatz stieg überhaupt nicht. Ich habe damals sehr viel Geld und einige gute Verkäufer verloren, weil ich nicht auf meine Intuition gehört habe.

Übung 12.1 Ihre Intuition trainieren

So trainieren Sie Ihre Intuition im Alltag: Halten Sie in der nächsten Zeit mehrmals am Tag inne und gehen Sie in sich. Sorgen Sie dafür, dass Sie einen Moment allein sind und nicht gestört werden. Nehmen Sie zwei tiefe Atemzüge. Achten Sie dann darauf, was in Ihrem Innersten vorgeht. Tauchen bestimmte Gedanken oder Bilder auf? Spüren Sie vielleicht sogar ein leises Zupfen, als ob Sie etwas in eine bestimmte Richtung ziehen will? Notieren Sie Ihre Gedanken, Bilder und Gefühle in Ihr Notizbuch.

Sie können diese Übung noch verstärken, indem Sie alle Störquellen abschalten, sich entspannt hinsetzen, die Augen schließen und sich in einen meditativen Zustand versetzen. Stellen Sie sich, sobald Sie diesen Zustand erreicht haben, bewusst innerlich die Frage: »Gibt es etwas, was ich gerade jetzt wissen oder beachten sollte?« Seien Sie anschließend innerlich still und warten Sie.

Tipps und Hinweise zur Übung: *Sie können diese Übung zunächst auf einen Probezeitraum begrenzen, in dem Sie einmal genau auf Ihre Intuition hören wollen, z. B. eine Woche. Werten Sie anschließend Ihre Notizen aus. Was haben Sie über Ihre Intuition gelernt?*

Wenn Sie Übung 12.1 einige Male machen, dann erfahren Sie es selbst: Unsere innere Weisheit, die wir Intuition nennen, kommt nur in der Ruhe richtig zur Entfaltung. Wenn Sie hektisch hin und her laufen, gestresst sind, sich unter Druck fühlen und von Arbeit getrieben werden, dann hören Sie die leise Stimme Ihrer Seele am Ende überhaupt nicht mehr. Sobald Sie umgekehrt ausreichend Pause machen, sich Auszeiten gönnen und die Fähigkeit entwickeln, auch einmal die Seele baumeln zu lassen und alle Probleme zu vergessen, laden Sie Ihre Intuition automatisch ein, sich zu melden. Je entspannter wir sind, desto leichter verbinden wir uns mit unserem Unterbewusstsein. Im Schlaf übernimmt das Unterbewusstsein regelmäßig die Kontrolle – wir träumen! Auch nächtliche Träume können wichtige Botschaften des Unterbewusstseins sein. Die meisten Menschen brauchen allerdings Übung, um ihre Träume richtig zu deuten. Zur Traumdeutung gibt es eigene Literatur.

In der Ruhe und der Stille meldet sich die Intuition

Wenn Sie Ihre Intuition besser nutzen wollen, dann ist das Wichtigste Ihr Entschluss, mehr nach innen zu gehen und in die Stille zu hören. Die richtigen Wege werden sich Ihnen dann auftun. Schritt für Schritt lernen Sie, auf Ihren eigenen inneren Lehrer und Meister zu achten und sich nicht allein nach anderen Menschen zu richten. Wenn Sie dabei trotzdem offen bleiben für den Rat und die Hilfe gutgesinnter Menschen, ohne diesen Macht über Ihr Leben zu geben, dann können Sie sich gar nicht verrennen. Glauben Sie auch bitte nicht, Ihre Intuition widerspreche der Logik. Beides ist harmonisch miteinander verbunden. Wenn Ihre

Intuition sich bewahrheitet, dann werden Sie dafür immer auch Gründe finden. Ihr Unterbewusstsein »weiß« nur eben alles schneller. Auch unser logisches Denken ist wichtig, doch es arbeitet viel langsamer und muss unvergleichlich mühsamer Informationen einholen.

Das »zweite Gehirn« ist in unserem Bauch

Die Wissenschaft hat mittlerweile entdeckt, dass unser Bauchgefühl sogar eine körperliche Grundlage hat: Rund hundert Millionen Nervenzellen umhüllen den Verdauungstrakt und weisen eine unübersehbare zellbiologische Ähnlichkeit mit den Gehirnzellen auf. Einige Forscher sprechen sogar von unserem »zweiten Gehirn« oder »Bauchhirn«. Durch unzählige Nervenverbindungen kommunizieren Kopf und Bauch ständig miteinander. Wer also auf sein Bauchgefühl hört, der verstößt deshalb nicht gegen die Vernunft, sondern nutzt lediglich das volle Potenzial des Menschen. Die großen spirituellen Traditionen der Welt kannten schon immer den Schatz unserer inneren Weisheit. In unserer westlichen Welt gehen wir den Umweg über die Wissenschaft, um diesen Schatz wiederzuentdecken.

Fitness für das Unterbewusstsein: Mentaltraining

In einem Zustand tiefer Entspannung ist unser Unterbewusstsein viel stärker beeinflussbar als im normalen Wachzustand. Diese Tatsache macht sich das Mentaltraining zunutze. Mentaltraining ist die bewusste Beeinflussung des Unterbewusstseins. Eines der Grundprinzipien des Mentaltrainings kennen Sie bereits aus Teil III dieses Buchs: In einem meditativen Zustand visualisieren Sie Ihre Ziele oder Ihre Vision so, als wären Sie bereits am Ziel. Praktisch jeder Spitzensportler arbeitet heute mit Mentaltraining, um sich auf Höchstleistungen vorzubereiten. Die Sportler nehmen den gewünschten Erfolg in Gedanken vorweg. Beispielsweise stellen sie sich immer wieder vor, wie es sich anfühlen wird, eine Ziellinie zu überschreiten, ein Tor zu erzielen oder eine Bestzeit zu schaffen.

Die bewusste Beeinflussung des Unterbewusstseins

Der Extremsportler Wolfgang Fasching ist dreifacher Sieger beim Race Across America, einem jährlich stattfindenden Radrennen von der Westküste zur Ostküste der Vereinigten Staaten über eine Strecke von rund 4800 Kilometer. Damit gehört er zu den drei erfolgreichsten Teilnehmern aller Zeiten. Doch nicht nur auf dem Rad war Wolfgang Fasching erfolgreich: Er hat unter anderem auch den Mount Everest bestiegen! Seine Erfolge gründen sich stark auf Mentaltraining. Wolfgang Fasching kann sich als einer von wenigen Menschen jederzeit in den sogenannten Alpha-Zustand versetzen, der die Grundlage für das Mentaltraining ist. Er ist so geübt in dieser tiefen Entspannung, dass sie ihm sogar auf Bahnhöfen oder in überfüllten Cafés gelingt. Was genau hat es mit diesem Alpha-Zustand auf sich?

Wenn Körper und Geist tief entspannt sind, dann verändert sich die Frequenz der Gehirnwellen. Wir kommen auf die sogenannte Alpha-Ebene. Keine Sorge: Das ist keine Trance oder Hypnose! Im Alpha-Zustand bleiben wir ganz vom Willen gesteuert. Tatsächlich erleben wir diesen gesunden Zustand im Alltag oft, beispielsweise kurz nach dem Aufwachen als Schlummerphase. Anders als auf der Beta-Ebene, das heißt im vollständigen Wachzustand, sind wir im Alpha-Zustand mit dem Unterbewusstsein verbunden, wir schlafen aber nicht wie auf der Tetra-Ebene, wo wir unsere mentalen Bilder nicht mehr bewusst steuern können. Als eine Art Zwischenzustand zwischen Wachen und Schlafen ist die Alpha-Ebene ideal für mentales Training.

Schwingungen pro Sekunde / Frequenz der Gehirnwellen

	35	wach
Beta		Äußere und bewusste Wahrnehmung, logisch, rational, linear fünf Sinne (hören, sehen, ...) objektive Realität
	14	Schlummer
Alpha		Innere Wahrnehmung, Geist ist wach – Körper ruht ganzheitlich, intuitiv, kreativ, Meditation, Entspannung subjektive Realität
	7	
Tetra		leichter Schlaf körperliche, geistige und seelische Regeneration
	4	
Delta		Tiefenschlaf, bewusstlos körperliche, geistige und seelische Erholung
	1	

An den Gehirnschwingungen erkennt man den Bewusstseinszustand des Menschen. Auf der Alpha-Ebene (zwischen 7 und 14 Schwingungen pro Sekunde) sind wir entspannt und trotzdem geistig wach.

Jeder Bogenschütze weiß, dass ein Bogen nach der Verwendung wieder entspannt werden muss, damit er seine Spannkraft behält. Unser beruflicher Alltag sieht heute leider allzu oft so aus, dass wir unter ständiger Anspannung stehen. Und aus der dauernden Anspannung resultiert Verspannung. Gerade viele Unternehmer und Selbstständige müssen erst wieder lernen, sich regelmäßig zu entspannen. Bevor Sie mit Mentaltraining beginnen, sollten Sie feste Ruhezeiten einplanen. Meine persönlichen Erfahrungen mit festen Rückzugzeiten sind sehr gut. Spontan klappt es selten.

Keine Spannung ohne regelmäßige Entspannung!

Mit dem Rückzug ist der erste Schritt getan. Nun müssen wir auch innerlich zur Ruhe kommen. Dazu gibt es eine schöne kleine Technik: Sie stellen sich eine Badewanne vor. Diese Badewanne ist voll von Ihren Problemen und Sorgen. Ein richtig trübes Wasser. Ziehen Sie jetzt den Stöpsel! Sorgen und Probleme fließen hinaus und werden immer weniger und weniger, bis die Badewanne leer ist. Sobald Ihr Kopf frei ist, kann er mit positiven Gedanken und Bildern neu gefüllt werden. Das eigentliche Mentaltraining kann beginnen.

Übung 12.2 Die 5-4-3-2-1-Entspannung

Suchen Sie sich einen Ort, an dem Sie innerlich und äußerlich in Ruhe und Frieden sein können. Setzen Sie sich bequem aber aufrecht hin. Beide Füße berühren den Boden. Die Hände ruhen auf den Oberschenkeln. Schließen Sie nun die Augen und atmen Sie einige Male tief durch die Nase ein und aus. Jetzt zählen Sie, wie im Folgenden beschrieben, langsam herunter:

Sagen Sie in Gedanken 5-5-5-5-5 usw. Richten Sie dabei Ihren Körper aus. Strecken Sie Ihre Wirbelsäule gerade nach oben, als ob ein Faden Ihren Kopf in die Höhe ziehen würde. Pendeln Sie Ihr Gewicht auf dem Gesäß links und rechts gleichmäßig aus. Spüren Sie Ihre Füße auf dem Boden, die Sitzfläche des Stuhls, die Rückenlehne. Ihr Körper ist jetzt ruhig und stabil.

Sagen Sie in Gedanken 4-4-4-4-4 usw. Lenken Sie dabei Ihre gesamte Aufmerksamkeit auf Ihren Atem. Spüren Sie, wie die Luft durch Ihre Nase hineinströmt und Ihren Körper dann langsam wieder verlässt. Bei jedem Atemzug hebt sich Ihre Bauchdecke leicht und senkt sich wieder. Vielleicht können Sie bei jedem Atemzug Dankbarkeit empfinden für den Atem, den Gott oder das Universum Ihnen schenkt. Sie atmen bewusst, tief und langsam.

Sagen Sie in Gedanken 3-3-3-3-3 usw. Dabei lockern Sie nacheinander alle Muskeln. Entspannen Sie Füße, Waden, Oberschenkel und Gesäß. Entspannen Sie Bauchmuskeln, Rücken und Schultern. Entspannen Sie Unterarme, Oberarme und Brust. Heben Sie den Kopf leicht und entspannen Sie den Nacken. Entspannen Sie dann die Gesichtsmuskeln, insbesondere den Kiefer und die Muskeln rund um die Augen. Genießen Sie dieses Körpergefühl richtig.

Sagen Sie in Gedanken 2-2-2-2-2 usw. Lassen Sie Ihre Gedanken los. Wo ist noch Hektik? Was wollen Sie unbedingt erledigen? Verschieben Sie alles auf später. Jetzt ist nichts wichtig. Gönnen Sie sich jetzt einen Augenblick ohne Gedanken. Machen Sie Ihren Kopf frei und leer. Bis Ihr Geist wach und klar ist.

Sagen Sie in Gedanken 1-1-1-1-1 usw. Sie sind jetzt in einem angenehmen Entspannungszustand. Dieser Zustand ist sehr gesund. Sie sind nur für sich da. Ihr Atem fließt ohne Anstrengung. Verweilen Sie in diesem Zustand, um sich zu erholen. Oder visualisieren Sie nun ein Ziel oder Ihre Vision.

Um den Entspannungszustand zu beenden, zählen Sie nun vorwärts von 1-1-1-1-1 bis 5-5-5-5-5. Bei 2 lassen Sie wieder alle Gedanken zu und nehmen Ihre Umgebung wahr. Bei 3 strecken und recken Sie Ihren Körper und finden zu Ihrer normalen Körperspannung zurück. Bei 4 atmen Sie tief durch. Bei 5 öffnen Sie die Augen. Sie sind hellwach und fühlen sich frisch und erholt.

Tipps und Hinweise zur Übung: *Diese Entspannungsübung ist eine Grundübung für jede Form von Mentaltraining. Sie können sich im entspannten Zustand sehr gut auf Ziele programmieren oder Affirmationen sprechen, die Ihr Unterbewusstsein positiv beeinflussen. Keine Sorge: Ihr Verstand bleibt immer eingeschaltet und schützt Sie. Der Entspannungszustand schränkt den freien Willen in keiner Weise ein.*

Noch wichtiger als die Entspannung ist der Raum der Stille, den Sie beim Mentaltraining in Ihrem Inneren schaffen. In der Stille liegt gewissermaßen alles. Die Lösung für ein Problem findet sich hier genauso wie die Vision für eine positive Zukunft. Die Kraft der Stille wirkt nicht nur im Entspannungszustand. Stille ist beispielsweise auch die beste Abschlusstechnik im Verkauf. Die besten Verkäufer stellen immer eine Abschlussfrage, zum Beispiel: »Sollen wir die Küche jetzt so bestellen?« Nach der Abschlussfrage schweigen sie und halten die anschließende Stille aus. Jetzt muss der Kunde Farbe bekennen. Auch vor der Abschlussfrage war es immer mein bester Rat an die Verkäufer, weniger zu reden und mehr zu schweigen. Immer nur eine Sache erklären, dann eine Pause machen und es wirken lassen. So kommt auch beim Kunden das Unterbewusstsein ins Spiel.

In der Stille liegt die Kraft

Die stärkste Kraft des Menschen: Glaube

Alle außergewöhnlich erfolgreichen Menschen haben einen starken Glauben. Ich meine an dieser Stelle keinen religiösen Glauben. Dieser kann bei einzelnen Menschen hinzukommen. Entscheidend für den Erfolg ist jedoch immer der Glaube an sich selbst, an die eigene innewohnende Kraft. Diese Art Glaube hat nichts mit religiösen Dogmen zu tun, sondern ist pure, dynamische, schöpferische Kraft. Dieser menschliche Glaube widerspricht allerdings auch nicht einem Glauben an Gott oder an eine bestimmte religiöse Offenbarung. Viele erleben ihren eigenen Glauben als Ausdruck des göttlichen Funkens in ihnen. Wichtig ist mir an dieser Stelle, dass der Glaube, der uns mit Leidenschaft unseren Zielen und unserer Vision entgegenträgt, von keiner Religion abhängig ist. Und noch etwas ist mir wichtig: Der menschliche Glaube ist zwar mächtig, aber nicht allmächtig. Wenn der eine oder andere Motivationsguru behauptet, jeder könne alles erreichen, dann stimmt das nicht. Ein sechzigjähriger stellt keinen Weltrekord im Hundert-Meter-Lauf mehr auf, selbst wenn er noch so stark daran glaubt. Doch innerhalb der natürlichen Grenzen ist der Glaube die stärkste Kraft des Unterbewusstseins, die wir zur Verfügung haben.

Der persönliche Glaube ist pure, schöpferische Kraft

Was passiert, wenn wir glauben? Wir nehmen einen gewünschten Zustand vorweg, als ob er schon wirklich wäre. Wir führen uns immer wieder vor Augen, wo wir eines Tages sind und was wir dann erreicht haben. Wenn wir fest daran glauben, dass etwas eintritt, dann ist es für unser Unterbewusstsein so, als wäre es schon da. Wir werden dann unterbewusst zu diesem gewünschten Zustand hingezogen, ja wir erzeugen ihn in einer gewissen Weise selbst. Die Wirklichkeit manifestiert sich unserem Glauben entsprechend. Deshalb nützt es auch nichts, bloß vom Verstand her an etwas zu glauben. Wir müssen vielmehr unser Unterbewusstsein mit den nötigen Bildern und Emotionen füttern, damit es uns zu dem führen kann, woran wir glauben. Alles, was geschaffen wird, existiert zunächst in der Vorstellung.

Vorwegnehmen, was einmal sein soll

Übung 12.3 Schöpferisches Visualisieren

Beim Visualisieren nutzen Sie Ihre Vorstellungskraft, um ein Ziel zu verwirklichen. Am besten gelingt das im entspannten Zustand auf der Alpha-Ebene. Eine Möglichkeit, sich in den Alpha-Zustand zu versetzen, haben Sie in Übung 12.2 kennengelernt. In der folgenden kleinen Übung geht es darum, Ihr Vorstellungsvermögen zu trainieren.

Versetzen Sie sich mit geschlossenen Augen in den Entspannungszustand. Stellen Sie sich jetzt Ihr Wohnzimmer zu Hause in möglichst vielen Details vor. Wie sieht der Boden aus? Wo stehen die Möbel? Welche Bilder gibt es an der Wand? Was sehen Sie, wenn Sie aus dem Fenster schauen? Stellen Sie sich vor, Sie gehen durch das Zimmer, setzen sich, stehen wieder auf, nehmen einen Gegenstand in die Hand. Je mehr Details Sie erkennen, desto besser.

Tipps und Hinweise zur Übung: *Mit dieser Übung trainieren Sie ganz allgemein Ihr Vorstellungsvermögen, um dann später Wünsche und Ziele möglichst genau visualisieren zu können. Sie können diese Übung mit nahezu jedem positiven Erlebnis wiederholen. Egal, ob es ein gutes Essen, eine erfrischende Dusche, eine Massage, ein nettes Gespräch oder eine feurige Liebesnacht war. Rufen Sie sich möglichst viele Details wieder in Erinnerung. Genießen Sie das Ereignis mental nochmals.*

Im Zusammenhang mit Glaubenssätzen bin ich in diesem Buch bereits auf Affirmationen eingegangen. Zur Erinnerung: Eine Affirmation ist ein positiver Satz, den Sie sich selbst immer wieder sagen, um Ihr Unterbewusstsein zu verändern. Neben der Visualisierung ist die Affirmation die zweite starke Möglichkeit, unseren Glauben an eine positive Zukunft zu stärken. In unseren Köpfen ist fast ununterbrochen ein innerer Monolog in Gang. Dieser innere Monolog hat massive Auswirkungen auf unsere Gefühle und unser Unterbewusstsein. Affirmationen ersetzen das unkontrollierte, oft negative Geplapper im Kopf durch positive Gedanken. Diese Gedanken erzeugen dann wiederum Gefühle. Und aus den Gefühlen werden Handlungen, die Tatsachen schaffen.

Regeln für wirkungsvolle Affirmationen

Jede positive Aussage kann grundsätzlich als Affirmation verwendet werden. Schon wenn Sie schlicht und einfach innerlich sagen: »Mir geht es gut«, affirmieren Sie, dass es Ihnen gut gehen wird. Es gibt jedoch einige Regeln für wirkungsvolle Affirmationen. Hier sind sie:

- *Formulieren Sie ausschließlich in der Gegenwartsform (»Ich bin ...«, »Ich habe ...«).*
- *Drücken Sie alles positiv aus (statt »Ich verschlafe morgen nicht« sagen Sie: »Ich erwache morgen rechtzeitig und voller Energie«).*
- *Beschränken Sie sich (in der Regel) auf einen Satz.*
- *Verwenden Sie leidenschaftliche, kraftvolle und emotionale Worte.*
- *Behalten Sie Ihre Affirmationen für sich.*
- *Sprechen Sie nach Möglichkeit die Affirmationen laut (z. B. alleine im Auto).*
- *Ganz wichtig: Leiern Sie Affirmationen nicht herunter, sondern legen Sie beim Sprechen Emotionen und positive Energie hinein.*

Beispiele für wirkungsvolle Affirmationen sind: »Ich bin liebenswert und gebe anderen Liebe« oder »Ich verdiene viel Geld, bin erfolgreich und glücklich« oder »Ich habe eine ideale, gewünschte und gut bezahlte Arbeit«. Ihre gegenwärtige Realität kann von der Aussage der Affirmation weit entfernt sein. Indem Sie Ihren gewünschten Zustand affirmieren, stärken Sie Ihren Glauben daran, dass er eintreten wird. Genauso gut können Sie einen positiven Zustand affirmieren, den Sie bereits erleben. Beispielsweise Wohlstand, Liebe oder Ausgeglichenheit. Sie sorgen dann dafür, dass dieser Zustand sich vertieft. Wie ich in Kapitel 7 bereits erwähnt habe, helfen Affirmationen schließlich auch dabei, negative Glaubenssätze durch positive zu ersetzen.

Übung 12.4 Negative Glaubenssätze umprogrammieren

Holen Sie noch einmal Ihre negativen Glaubenssätze aus Übung 7.2 hervor. Formulieren Sie alle diese negativen Glaubenssätze jetzt zu positiven Affirmationen um. Beachten Sie dabei die Regeln für Affirmationen aus diesem Kapitel. Beispiel: Aus »Ohne Fleiß kein Preis« könnte werden: »Ich erreiche alle meine Wünsche und Ziele mit Leichtigkeit und Freude.«

Schreiben Sie Ihre positiven Affirmationen in Ihr Notizbuch. Oder besser noch auf Kärtchen. Sagen Sie die Affirmationen einige Wochen lang immer wieder. Wenn Sie Ihre Affirmationen auf Kärtchen geschrieben haben, können Sie diese beispielsweise auch in Ihrer Brieftasche mitführen.

Tipps und Hinweise zur Übung: *Wenn Sie nicht so viele negative Glaubenssätze haben oder mit der Umprogrammierung fertig sind, können Sie auch positive Affirmationen frei formulieren. In Anhang E finden Sie eine Liste mit Affirmationen. Suchen Sie sich Ihre Favoriten aus oder nutzen Sie die Liste als Anregung für eigene Affirmationen.*

Eine schöne Geschichte über den Glauben stammt von einem berühmten Seiltänzer. Ich habe sie vor vielen Jahren einmal gelesen und erzähle sie seitdem immer wieder gern meinen Seminarteilnehmern. Der Seiltänzer steht neben seinem Hochseil und fragt die Zuschauer: »Glaubt ihr, dass ich über das Seil gehen und dabei diese Schubkarre vor mir her schieben kann?« Da brüllt die ganze Menge: »Ja!« Der Seiltänzer greift sich einen jungen Mann heraus und fragt ihn: »Glaubst du auch wie all die anderen, dass ich die Schubkarre schiebend über das Seil gehen kann?« Da sagt der junge Mann: »Ja.« Der Seiltänzer fragt ihn: »Glaubst du das wirklich? Glaubst du, dass ich mit der Schubkarre auf die andere Seite komme?« Der junge Mann wiederholt: »Ja.« Da

Glauben Sie etwas – oder halten Sie es bloß für möglich?

sagt der Seiltänzer zu dem jungen Mann: »Dann komm herauf und setze dich in die Schubkarre!« Diese Geschichte macht den Unterschied klar, ob wir etwas für möglich halten oder wirklich glauben. Wer bereit ist, in der Schubkarre zu sitzen, der glaubt wirklich.

So läuft der Laden: Tipps für Teams und Unternehmen

Im Unternehmen und in einem Team kostet es noch wesentlich mehr Mut, sich auf sein Unterbewusstsein zu verlassen, als alleine. Im Geschäftsleben ist alles sehr rational organisiert, und die meisten halten sich daran. Das Unterbewusstsein macht jedoch vor der Firmentür nicht halt. Es ist auch im Unternehmen eine große Kraftquelle. Als Unternehmer können Sie ein Klima schaffen, in dem alle Mitarbeiterinnen und Mitarbeiter ohne Scheu sagen können, was sie intuitiv spüren. Auch ohne dies mit Zahlen, Daten und Fakten belegen zu müssen.

In Vertrieb und Verkauf spielen Gefühle eine besonders große Rolle. Ein Verkäufer sollte einem Kunden, der zu viel von ihm verlangt, offen und ehrlich sagen: »Damit fühle ich mich nicht wohl.« Umgekehrt sollte er die Gefühle des Kunden ansprechen, wenn seine Intuition ihm sagt, dass etwas nicht stimmt. Etwa mit dem Satz: »Ich habe das Gefühl, bei Ihrer Entscheidung spielt noch etwas anderes eine Rolle.« In Vertrieb und Verkauf offen über Gefühle zu sprechen spart viel Ärger nach der Unterschrift. Ebenso wichtig ist diese Offenheit bei Mitarbeitergesprächen. Sparen Sie sich Psychotricks. Sagen Sie dem Mitarbeiter lieber ehrlich, was Sie empfinden und was Ihre Intuition Ihnen sagt.

Beharrlichkeit ist eine Tugend, die jeder erlernen oder sich antrainieren kann. *Napoleon Hill*

Tugenden für Begeisterte im Business

Es ist Anfang Februar. Simon und sein Coach Manfred sind beim Skilanglauf im Lechtal.

»Jetzt scheint es bei dir ja wirklich zu laufen«, meint Manfred gut gelaunt. »Selbst auf der Loipe gibst du Vollgas.«

»Ja, es läuft großartig«, bestätigt der Unternehmer. »Nur das mit dem Unterbewusstsein klappt noch nicht so.«

»Wie oft hast du denn in den letzten Wochen geübt?«, fragt Manfred.

»Zwei oder drei Mal«, antwortet Simon.

Manfred muss laut lachen. »Hast du schon einmal etwas von den Tugenden eines erfolgreichen Unternehmers gehört?«, fragt er den Jüngeren. »Eine davon ist Ausdauer. Erst was du drei Monate lang fast täglich übst, führt zu positiver Veränderung.«

»Und wie lauten die anderen Tugenden?«

»Das erzähle ich dir, wenn wir Pause machen. Jetzt achten wir mal besser wieder auf unsere Atmung. Sonst wird es auch beim Sport nichts mit der Ausdauer.«

Tugenden sind eingeübte positive Charaktereigenschaften. Sie sind einem Menschen in Fleisch und Blut übergegangen und zu so etwas wie seiner zweiten Natur geworden. Wer eine bestimmte Tugend besitzt, der überlegt nicht lange, sondern handelt ganz automatisch dieser Tugend entsprechend. Nehmen wir zum Beispiel die Tugend der Beharrlichkeit. Ein beharrlicher Mensch stellt nicht immer wieder infrage, was er sich vorgenommen hat. Er bleibt an einer Sache dran. Ohne zu jammern. Alles, was wir lange genug einüben, wird zu einer zweiten Natur. Leider gilt das auch für negative Charaktereigenschaften. Sie werden gemeinhin als Laster bezeichnet und setzen sich genauso tief im Menschen fest wie die Tugenden. Sie haben es also selbst in der Hand, was über die Zeit zu Ihrer zweiten Natur werden soll: Mut oder Feigheit, Demut oder Arroganz, Vergebung oder Rachsucht und so weiter. Wenn eine positive Eigenschaft einmal tief in Ihnen verwurzelt ist, dann können Sie darauf vertrauen, dass Sie in einer entsprechenden Situation sofort das Richtige tun werden.

Positive Eigenschaften können zur zweiten Natur werden

Alle außergewöhnlich und dauerhaft erfolgreichen Unternehmer haben in der einen oder anderen Form bestimmte Tugenden besessen. Dazu zählen beispielsweise Mut und Ausdauer. Das fand bereits der Amerikaner Napoleon Hill (1883–1970) heraus. Über zwanzig Jahre lang befragte er die reichsten und berühmtesten Menschen seiner Zeit, darunter die Industriellen Andrew Carnegie, John D. Rockefeller und Winfield Woolworth, die Erfinder und Unternehmer Thomas Alva Edison und Henry Ford sowie die US-Präsidenten Theodore Roosevelt und Woodrow Wilson. Die Ergebnisse veröffentlichte Napoleon Hill 1937 in seinem Buch »Denke nach und werde reich«, das sich bis heute mehr als siebzig Millionen Mal verkauft hat.

Sechs Tugenden außergewöhnlich erfolgreicher Menschen

In den letzten Jahren habe ich mir selbst immer wieder Gedanken gemacht, was es braucht, um das Feuer der Begeisterung dauerhaft zu erhalten. Welche Tugenden der Erfolgreichen sind besonders wichtig? Herauskristallisiert haben sich die folgenden sechs Tugenden für Begeisterte im Business:

1. *Aus Angst mach Mut*
2. *Beharrlichkeit und Ausdauer*
3. *Demut und Dankbarkeit*
4. *Sich selbst lieben*
5. *Geben und vergeben*
6. *Chancen in Problemen sehen*

Die einzelnen Tugenden möchte ich Ihnen in den folgenden Abschnitten vorstellen. Dabei ist die Reihenfolge nicht entscheidend. Ein Punkt ist mir an dieser Stelle jedoch wichtig: Seien Sie geduldig mit sich selbst.

Das Einüben von Tugenden hört nie ganz auf. Ich behaupte auch nicht von mir, alle diese Tugenden bereits in Reinkultur zu besitzen. An vielem muss ich immer noch arbeiten. Auch bei mir kommt zum Beispiel ab und zu einmal Angst auf. Oder ich werde unzufrieden und muss mich dann erinnern, für was ich alles dankbar sein darf. Entscheidend ist, die Tugenden zu kennen. Der Rest ist Übungssache.

Die erste Tugend: Aus Angst mach Mut

Wenn jemand seine Mission und Vision zu leben beginnt, meldet sich am Anfang immer die Angst. Es ist normal, dass wir als Erstes unserer Angst begegnen. Angst ist nichts Schlimmes und schon gar nichts, wofür wir uns schämen müssten. Im Gegenteil, Angst ist ein wichtiger Schutz vor gefährlichen Situationen. Eine neue und ungewohnte Situation birgt für unser Unterbewusstsein immer erst einmal Gefahren. Nach Viktor Frankl haben wir allerdings stets die Wahl, wie wir eine Situation bewerten wollen. Ist die Lage wirklich so bedrohlich, wie sie sich im Moment anfühlt? Was könnte uns im schlimmsten Fall passieren? Gerade bei Angst vor neuen Situationen ist eine besonders heilsame Frage: Wie würde mein Leben verlaufen, wenn sich nichts änderte? Stillstand kann nämlich viel beängstigender sein als Veränderung.

Angst ist normal. Sie kann zur Kraftquelle werden

Der amerikanische Schriftsteller und Philosoph Ralph Waldo Emerson meinte einmal: »Tun Sie das, wovor Sie Angst haben, und das Ende Ihrer Angst ist gewiss.«

Angst vermag enorme Kraft zu verleihen. Dieser Gedanke ist für manche ungewohnt. Doch Angst wird in dem Moment zu einer Antriebskraft, da Sie die Angst akzeptieren und den ersten Schritt auf sie zugehen. Ja, gehen Sie genau dorthin, wo die Angst ist! »Wo die Angst ist, da ist auch der Weg« – das ist eine alte Weisheit, manche sagen, sie stamme von den Indianern. Wichtig ist vor allem, den ersten Schritt auf die Angst zuzugehen. Genau da kommt der Mut ins Spiel. Plötzlich fühlt sich nicht mehr so schlimm an, was eben noch so bedrohlich aussah. So wird die Tugend des Mutes aus der Angst geboren.

Wirklicher Mut bedeutet niemals Übermut. Mut lässt sich trainieren, ohne die Angst zu verdrängen. Vielleicht haben Sie auch schon einmal den Atem angehalten, als ein Seiltänzer in schwindelnder Höhe, ohne jede Sicherung, über ein Hochseil balanciert ist. Eines der Erfolgsgeheimnisse der Hochseilartisten ist das Fallen. Sie verdrängen die Möglichkeit des Fallens nicht, sondern üben es in geringer Höhe immer und immer wieder. Die Sicherheit des Seiltänzers ist nicht die Balance, sondern das Fallen! Er weiß: Ich kann im Fallen immer mit den Händen das Seil erwischen. So wird Angst zu Mut. Und als Folge davon fällt ein Seiltänzer so gut wie nie. Wenn auch Sie »das Fallen üben« möchten, dann machen Sie doch einmal kleine Mutproben. Verschenken Sie auf der Straße Geld, schlafen Sie eine Nacht auf einer Parkbank oder fragen Sie fremde Leute, ob Sie bei ihnen duschen dürfen. Mehr Mut wird Ihr Lohn sein.

Die zweite Tugend: Beharrlichkeit und Ausdauer

Für Napoleon Hill, der die erfolgreichsten Menschen seiner Zeit studierte, darunter allein 500 Millionäre, war Beharrlichkeit die wichtigste Tugend der Erfolgreichen überhaupt. Er nannte sie die »geheime Stärke« der Besten der Besten. Tatsächlich sind die Biografien der erfolgreichsten Menschen oft voller Rückschläge und Fehlversuche. Thomas Edison scheiterte mit seinen Experimenten annähernd 10 000 Mal, bevor er die Glühbirne erfand. Henry Ford erlebte fünf Pleiten, bevor er das Automobil zum Massenprodukt machte und damit zum reichsten Mann der Welt wurde. Walt Disney bekam als Existenzgründer von 302 Banken Absagen. Ray Kroc, ursprünglich einfacher Franchisenehmer bei McDonald's, war bereits 59 Jahre alt, als er 1961 das gesamte Unternehmen für 2,7 Millionen US-Dollar kaufte und zu einem Weltkonzern machte. Napoleon Hill schrieb wörtlich:

Beharrlichkeit gilt als wichtigste Erfolgstugend überhaupt

Ich hatte das große Glück, sowohl Ford als auch Edison lange Zeit hindurch aus nächster Nähe beobachten und analysieren zu können, deshalb kann ich mit Sicherheit behaupten, dass alle ihre Leistungen und erstaunlich außergewöhnlichen Erfolge fast ausschließlich auf ihre Beharrlichkeit zurückzuführen sind.

Keine andere Eigenschaft und kein anderer Umstand haben dabei eine auch nur annähernd vergleichbare Rolle gespielt.

Das waren jetzt viele amerikanische Beispiele – hier sind drei österreichische: Skirennläufer Hermann Maier stand nach einem schweren Motorradunfall 2001 kurz vor einer Beinamputation. Er blieb eisern dran und holte 2005 erneut eine Goldmedaille! Auch Niki Lauda wurde nach seinem schweren Brandunfall noch zweimal Weltmeister in der Formel 1. Red-Bull-Gründer Dietrich Mateschitz hörte am Anfang nur »Was willst du mit dem klebrig süßen Zeug!« oder »Dafür gibt es keinen Markt!«. Heute ist er Milliardär. Früher musste ich immer schmunzeln, wenn neue Franchisenehmer bei »olina Küchen« schon nach zwei Monaten ungeduldig wurden. Wo denn der Erfolg bleibe? Sie hätten doch so viel investiert! Ich habe meinen Partnern dann immer erklärt, dass es in der Regel mindestens drei Jahre dauert, bis ein neuer Anbieter auf seinem Markt etabliert ist. Bis dahin ist Beharrlichkeit gefragt.

Eine wahre Geschichte, die in den USA heute noch erzählt wird, handelt von dem Goldgräber R. U. Darby. Während des Goldrauschs in Colorado fand er auf seinem Claim Gold. Die Analyse der Gesteinsproben deutete auf eine der größten Goldadern der Gegend hin. Darby lieh sich eine hohe Geldsumme für ein Team und Geräte, um das Gold zu fördern. Doch je tiefer Darby graben ließ, desto weniger Gold fand man. Schließlich gab er enttäuscht auf und verkaufte den Claim an einen Altwarenhändler. Dieser beauftragte einen Bergbauingenieur, die Mine zu untersuchen. Das Ergebnis: Darby und seine Leute hatten ungefähr einen Meter vor dem Ziel aufgegeben. Nur dieses kleine Stück tiefer begann die riesige Goldader!

Die dritte Tugend: Demut und Dankbarkeit

Demut und Dankbarkeit sichern den Erfolg auf Dauer

Was bedeutet Demut? Demut bedeutet lernbereit bleiben, Menschen wertschätzen, Rat annehmen und sich korrigieren lassen. Demut bedeutet, andere fördern und ihnen den Erfolg gönnen, statt nur an sich zu denken. Demut bedeutet bitten statt fordern. Zur Demut gehört Dankbarkeit. Dankbarkeit heißt loslassen und aus vollem Herzen geben können. Ein Leben der Dankbarkeit besteht aus Bitte sagen und Danke sagen sowie der Freude über alles, was einem geschenkt ist. Dankbarkeit führt automatisch zu den positiven Seiten des Lebens. Zusammen genommen sorgen Demut und Dankbarkeit für den Erfolg auf Dauer. Nicht umsonst heißt es: »Hochmut kommt vor dem Fall.«

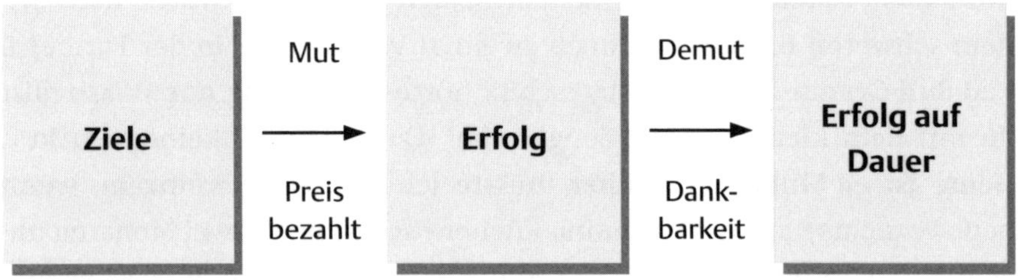

Wer den Mut hat, seine Ziele zu verwirklichen, und den Preis bezahlt, der hat Erfolg. Kommen Demut und Dankbarkeit hinzu, ist der Erfolg von Dauer.

Immer wieder gibt es Menschen, die gehen auf wie ein Stern, verglühen am Himmel und fallen dann als Sternschnuppe zu Boden. Sie haben die Bodenhaftung verloren. Ihr Erfolg hat sie hochmütig gemacht. Außergewöhnlich und dauerhaft erfolgreiche Menschen sind in gewisser Weise immer bodenständig. Auch wenn man es nicht auf den ersten Blick sieht. Sie sind geerdet und bilden sich auf ihren Erfolg nicht allzu viel ein. Lange Zeit hatte ich in meinem Büro eine Figur stehen: den Sternengucker. Er steht für das Prinzip, mit dem Kopf in den Sternen zu sein und gleichzeitig mit beiden Füßen fest auf dem Boden zu stehen. Henry Ford arbeitete als reichster Mann der Welt in einem kleinen Büro, das mit kaum mehr als einem normal großen Schreibtisch, einem Holzstuhl ohne Armlehnen und einem Zeichentisch eingerichtet war. Der in der Schweiz lebende Ikea-Gründer und Milliardär Ingvar Kamprad fuhr mehr als fünfzehn Jahre lang denselben Volvo 240 Kombi. Zum Einkaufen fuhr er sogar lieber mit dem Bus. Sie können das für verschroben halten, doch findet sich bei vielen Superreichen eine überraschende Bescheidenheit.

Die Tugend der Dankbarkeit lässt sich üben. Viele Jahre habe ich täglich drei Dinge in mein Tagebuch geschrieben, für die ich an diesem Tag dankbar war. Und mir sind immer mindestens drei Dinge eingefallen! Manchmal sind es nur Kleinigkeiten, die mich mit Dankbarkeit erfüllen: ein gutes Essen, ein positives Telefonat oder ein netter Abend mit Freunden in der Sauna. Dankbarkeit hat mit Freiheit zu tun. Wir haben die Wahl zwischen Unzufriedenheit und Glücklichsein. Wer dankbar ist, der sieht auch die Fülle in seinem Leben und freut sich an ihr.

Die vierte Tugend: Sich selbst lieben

Früher habe ich manchmal meine Seminarteilnehmer gebeten, ihre drei liebsten Menschen auf einen Zettel zu schreiben. Nur wenige schlossen dabei sich selbst mit ein. Doch wer sich selbst nicht liebt, kann auch andere nicht lieben. Wir können nur geben, was wir selbst besitzen. Wer sich selbst nichts wert ist, dem sind auch seine Kunden nicht viel wert. Was wir anderen Menschen zu geben haben, egal ob beruflich oder privat, hat seine Wurzel in unserer eigenen Fülle und der Wertschätzung für uns selbst. Leider hat die Selbstliebe in unserer christlich geprägten Kultur manchmal einen schweren Stand. Es gilt als besonders christlich, sich ganz für andere aufzuopfern. Doch das ist nicht das, was in der Bibel steht.

Nur wer sich selbst liebt, kann auch anderen Gutes tun

Als Jesus einmal von einem Pharisäer gefragt wird, welches das wichtigste Gebot sei, antwortet er:

> *Du sollst Gott den Herrn lieben, von ganzem Herzen, mit deiner ganzen Seele und deinem ganzen Gemüt. Das ist das größte und wichtigste Gebot. Aber genauso wichtig ist ein zweites: Liebe deinen Nächsten wie dich selbst! (Matthäus 22, 37–39)*

Wenn ich als Christ meinen Nächsten genauso lieben soll wie mich selbst, dann setzt das die Selbstliebe voraus. Ich kann tatsächlich dem Mitmenschen immer nur so viel Liebe schenken, wie ich für mich selbst übrig habe. Ich habe erlebt, wie Menschen in christlichen Religionsgemeinschaften oft lieblos miteinander umgehen. Das ist schade, wenn man bedenkt, wie sehr Jesus die Liebe in den Mittelpunkt seiner Lehre gestellt hat.

Nun könnten Sie fragen: Ist die Liebe denn nicht bloß ein Gefühl? John Izzo gibt darauf in seinem Buch (siehe Literaturverzeichnis S. 196) eine sehr treffende Antwort. Er schreibt: »Um im Leben Glück und Erfüllung zu finden, muss ein Mensch sich dazu entschließen, ein liebevoller Mensch zu sein.« Die Liebe ist noch viel mehr ein innerer Entschluss als ein Gefühl. Der erste Schritt lautet auch für John Izzo: »Wir müssen uns entschließen, uns selbst zu lieben.« Die Entscheidung zu wirklicher Selbstliebe verändert das Leben grundlegend. Menschen, die sich selbst lieben, entscheiden sich für Gedanken der Liebe statt Gedanken des Hasses oder der Verachtung. Sie loben sich selbst und reden sich selbst gut zu, statt sich ständig selbst zu verurteilen. Nehmen Sie sich ab und zu eine Minute Zeit und fragen Sie sich: Gibt es in diesem Augenblick eine Möglichkeit, besser für mich selbst zu sorgen? Erst muss ich mit mir selbst richtig umgehen. Dann kann ich auch mit anderen gut umgehen.

Die fünfte Tugend: Geben und vergeben

Fällt Ihnen das Geben leicht? Schenken Sie voll Freude? Spenden Sie gerne? Mir ist das in meinem Leben nicht immer leichtgefallen. Früher habe ich bei Spendenaufrufen oder wenn in der Kirche der Klingelbeutel herumging, oft gedacht: Jetzt geht es wieder um mein Geld! Gespendet habe ich trotzdem, aber nicht mit leichtem Herzen, nicht voller Freude. Irgendwann wurde mir klar: Wenn ich gebe, dann sehe ich meinen eigenen Überfluss. Ich habe so viel, dass ich auch viel geben kann – ist das nicht wunderbar? Seitdem gebe und spende ich mit Vergnügen. Mein eigener Überfluss, der es mir erlaubt, so viel abzugeben, macht mich glücklich. Ich zahle sogar Steuern mit Freude, was einem in Österreich nicht immer leicht gemacht wird. Doch ich sage mir: Je mehr Steuern ich zahle, desto mehr Geld habe ich ja auch. Und dann freue ich mich wieder an der Fülle, die mir geschenkt ist.

Erst Geben schenkt die Freude an der eigenen Fülle

Der legendäre englische Premierminister Winston Churchill hat einmal gesagt: »Das Geheimnis des Glücks liegt nicht im Besitz, sondern im Geben. Wer andere glücklich macht, wird glücklich.«

Es gibt Menschen, die sich über jede Rechnung beklagen, die sie bezahlen sollen. Am liebsten zögern sie die Zahlung möglichst lange hinaus. Sie sind stolz darauf, dass sie auch bei privaten Einkäufen immer versuchen, den Preis noch zu drücken. Meine Beobachtung ist: Solche Menschen haben nie genug. Selbst wenn sie im Vergleich mit anderen wohlhabend sind, spüren sie keine Freude über die Fülle in ihrem Leben. Wer nur ungern gibt, der macht vor allem sich selbst unglücklich. Lernen Sie den Segen des Gebens kennen. Sehr erfolgreiche Menschen geben ständig mindestens zehn Prozent ihres Einkommens als Spenden an Hilfsbedürftige weiter. Probieren Sie das einmal aus. Erleben Sie, wie froh das Geben macht.

Eng verbunden mit dem Geben ist das Ver-geben. Wer vergibt, der befreit sich von Verstrickungen und Blockaden. Ich habe Menschen kennengelernt, die immer auf unerklärliche Weise vom Erfolg abgehalten wurden. Diese Menschen mussten erst vergeben! Sie hegten einen Groll gegen bestimmte Personen. Ihre Bitterkeit erstickte das Feuer der Begeisterung immer wieder. Vergeben ist ein Willensakt. Vergeben heißt weder Versöhnen (denn dazu gehören zwei) noch vergessen (denn die Erinnerung lässt sich nicht löschen). Vergebung bedeutet, auf Vergeltung und Genugtuung bedingungslos zu verzichten. Vergeben Sie allen Menschen, gegen die Sie einen Groll hegen. Treffen Sie die Entscheidung. Formulieren Sie klar und sprechen Sie laut: »Ich vergebe …« Dann lassen Sie wirklich los. So befreien Sie sich selbst.

Die sechste Tugend: Chancen in Problemen sehen

Jeder Mensch hat Probleme. Auch erfolgreiche und sehr wohlhabende Menschen haben Probleme. Es ist der Normalzustand der Menschheit. Zu dem amerikanischen Pfarrer und Lebensberater Norman Vincent Peale (1898–1993) kam einmal ein Geschäftsmann, der sich über seine vielen Probleme beklagte. Da sagte Peale: »Kommen Sie mit, ich zeige Ihnen einen Ort, an dem Sie keine Probleme mehr haben.« Der Geschäftsmann war neugierig. Peale führte ihn zu einem Friedhof. »Die Menschen hier haben keine Probleme mehr«, sagte Peale. Es ist nicht möglich, Probleme zu vermeiden. Es hilft auch wenig,

Probleme gehören zum Leben – bleiben Sie locker!

sie in »Herausforderungen« oder dergleichen umzutaufen. Es kommt vielmehr darauf an, wie wir mit Problemen umgehen. Stellen Sie sich zunächst Ihren Problemen!

Wenn ich mitten in einer Problemsituation stecke, dann ist es oft schwierig, eine Lösung zu finden. Das Problem nimmt mich zu sehr gefangen. Deshalb ist es sinnvoll, zuerst gedanklich einen Schritt aus dem Problemzustand herauszugehen. Dabei helfen die folgenden Fragen: Wie wäre es, wenn dieses Problem optimal gelöst wäre? Wie würde ich mich dann fühlen? Während ich mich mit diesen Fragen beschäftige, komme ich in einen viel positiveren, energetischeren Zustand. In diesem Zustand kann ich leichter Lösungswege finden.

Als Unternehmer hatte ich auf dem Schreibtisch eine kleine Schachtel mit der Aufschrift: »Für Gott ist kein Problem zu groß.« Immer, wenn ich ein Problem nicht sofort lösen konnte, habe ich es auf einen Zettel geschrieben und in die Schachtel gelegt.

Mit der Zeit habe ich gelernt, dass sich hinter jedem noch so großen Problem positive Chancen verbergen. Wenn ich mich von dem Problem nicht gefangen nehmen lasse, sondern mich erst einmal entspanne, dann sehe ich die Chancen irgendwann auch. Der Skispringer und Olympiasieger Toni Innauer hat in einem Buch einmal über »die Kraft der Niederlage« geschrieben. Krisenzeiten sind ein Lern-Turbo! Immer, wenn wir durch den Tunnel unserer Probleme hindurch sind, tun sich ganz neue und ungeahnte Chancen auf. Und wenn ich die Chancen einmal gar nicht sehe, dann sage ich mir: Nimm dich und deine Probleme nicht zu wichtig. Deine innere Haltung ist entscheidender als das Problem an sich. Denn auch die Lösung kommt von innen.

So läuft der Laden: Tipps für Teams und Unternehmen

Die Tugenden eines erfolgreichen Unternehmers entfalten eine noch größere Wirkung, wenn Sie diese Ihren Mitarbeitern, Kunden, Lieferanten und anderen Geschäftspartnern vorleben. Zeigen Sie, wie Sie an die Dinge herangehen. Aber hüten Sie sich davor, andere zu belehren oder sie missionieren zu wollen! Indem Sie die Tugenden einfach im Alltag leben, üben Sie ganz automatisch positiven Einfluss auf andere aus.

Hier sind noch einige Beispiele dafür, wie die sechs Tugenden im geschäftlichen Alltag wirken:

»Aus Angst mach Mut« betrifft oft das Thema Akquisition. Viele Mitarbeiter haben Angst vor Zurückweisung und sprechen ungern Interessenten an. Gehen Sie hier mutig voran!

Wer sich selbst liebt, der liebt auch andere Menschen. Er geht anders mit Mitarbeitern, Kunden und Lieferanten um. Er äußert Wertschätzung und Anerkennung.

Eine Möglichkeit, Dankbarkeit zu zeigen, hat jeder Unternehmer und Selbstständige gegenüber seinen Kunden. In meinem Geschäft war es mir immer wichtig, auch die Leistung von Lieferanten anzuerkennen. Und für jede Weiterempfehlung habe ich mich telefonisch bedankt.

Kapitel 14

Hole dir nie Rat bei deinen Befürchtungen.

Andrew Jackson

Achtung: Feuerlöschern aus dem Weg gehen!

Es ist der erste warme Frühlingstag. Zum Abschluss des Coachings sind Unternehmer Simon und dessen Frau Beate bei Manfred zum Essen eingeladen. Dorothee, seit 34 Jahren mit Manfred verheiratet, hat auf der Terrasse geschmackvoll eingedeckt. Gerade hat Manfred seine Spezialität serviert: Eglifilet vom Bodensee mit Frühlingskartoffeln und Salat. Jetzt stoßen alle feierlich mit einem Glas Welschriesling an. Die Stimmung ist fröhlich und gelöst.

»Und? Wie lautet jetzt dein Fazit?«, will Manfred von Simon wissen.

»Was bei mir und in der Firma los ist, kann ich in einem Satz sagen«, antwortet Simon: »Endlich läuft der Laden!«

Alle lachen und erheben erneut die Weingläser.

»Das wäre auch ein guter Buchtitel«, meint Dorothee.

»Ja, genau«, pflichtet Simon ihr bei. »Du solltest ein Buch darüber schreiben, wie man zu einem begeisterten Unternehmer wird!«

»Tolle Idee«, meint Manfred. »Da muss dann am Schluss unbedingt noch hinein, wie begeisterte Unternehmer Feuerlöschern aus dem Weg gehen. Denn davon gibt es leider viel zu viele …«

Überall auf der Welt gibt es Feuerlöscher – auf den Fluren von Hotels, in Montagehallen oder in Reisebussen. Es gibt sogar menschliche Feuerlöscher. Der berühmteste unter ihnen hieß Paul Neal »Red« Adair. Er verbrachte sein Berufsleben damit, brennende Gas- und Ölquellen zu löschen. Seine bevorzugte Löschmethode: Dynamit! Es machte rums – und dann war weder von der Rohstoffquelle noch von den Flammen etwas übrig.

Über 2000 Gas- und Ölbrände hat Red Adair auf der ganzen Welt gelöscht. Trotz seines hoch riskanten Berufs wurde er 89 Jahre alt und schlief dann friedlich ein. So viel zum Thema »Mehr Lebensrisiken eingehen«! Alle genannten Feuerlöscher – die im Hotel und die auf dem Ölfeld – sind sinnvoll und wichtig. Und um die geht es mir auf den folgenden Seiten auch nicht. Die Feuerlöscher, die ich im letzten Kapitel dieses Buchs einmal augenzwinkernd aufspießen möchte, löschen ausschließlich das Feuer unserer inneren Begeisterung. Und damit ausgerechnet das einzige Feuer, das immer und überall so stark brennen darf, wie es will!

Das Feuer Ihrer Begeisterung ist in Gefahr!

Solche Feuerlöscher kennen Sie alle, da wette ich mit Ihnen. Sie brauchen nur zu denken: »Vielleicht schaffe ich es ja doch nicht.« Und schon ist ein scharfer Strahl weißen Pulvers auf Ihr inneres Feuer gerichtet und droht es zu löschen. Oder will Ihnen sogar jemand Ihre Mission ausreden? Womöglich ein Paragrafenreiter, Erbsenzähler oder Groschenspalter? Das wirkt wie das Dynamit von Red Adair! Nehmen Sie sich in Acht! Wenn Sie Ihr inneres Feuer pflegen, dann kann es lange, lange brennen. Hüten Sie sich allein vor den Feuerlöschern. Gehen Sie Ihnen einfach aus dem Weg. Schenken Sie Ihnen keine Beachtung.

Doch wo lauern die Feuerlöscher überall? Ich gebe Ihnen gleich ein paar Tipps. Sie kennen doch diese Etagenpläne auf jedem Hotelflur, wo die Notausgänge und die Feuerlöscher exakt verzeichnet sind. Wenn Sie für die Feuerlöscher, die es auf Ihr inneres Feuer abgesehen haben, einen solchen Plan im Kopf haben, kann Ihnen nichts mehr passieren. Also, wo stecken die Dinger? Zunächst einmal sollten Sie sich klarmachen, dass Sie sowohl eigenen als auch fremden Feuerlöschern begegnen können. Durchsuchen wir als Erstes Ihr eigenes Haus. Sie glauben, da sind bestimmt nicht viele Feuerlöscher? Weil es doch meistens »die anderen« sind, die Sie frustrieren? Warten wir es ab!

Es gibt sowohl eigene als auch fremde Feuerlöscher

Brandgefährlich! Unsere eigenen Feuerlöscher

Wo ein Feuer am stärksten brennen kann, da gibt es auch die meisten Feuerlöscher. Das betrifft nicht nur Flughäfen, Tankstellen oder Chemiewerke, sondern auch das Innere des Menschen. Dort, wo Ihr Feuer der

Begeisterung brennt, ist es auch umzingelt von Feuerlöschern. Ihre eigenen Gedanken, Gefühle und Handlungen können dem inneren Feuer ganz schön gefährlich werden. Nehmen wir allein das Denken: Positive Gedanken fachen Ihr inneres Feuer an, negative Gedanken versuchen, es zu löschen. Doch keine Sorge: Wenn Sie einmal verstanden haben, worauf Sie achten sollten, können die Feuerlöscher an der Wand bleiben. Denn der größte innere Feuerlöscher ist mangelnde Bewusstheit. Bewusste und achtsame Menschen gehen ihren Feuerlöschern intuitiv aus dem Weg.

Feuerlöscher eins: Unkontrollierte Gedanken

Negativen Gedanken keinen Raum geben

Gedanken sind der Anfang von allem. Das haben Sie in diesem Buch bereits gelesen. Leider sind Gedanken auch das Ende von allem, wenn wir nicht auf sie aufpassen! Unsere Gedanken können es ganz schön auf unser Feuer der Begeisterung abgesehen haben. Kostproben gefällig? Bitte sehr:

- *»Vielleicht schaffe ich das doch nicht …«*
- *»Die Latte liegt zu hoch.«*
- *»Ich mache mich lächerlich.«*
- *»Wo soll das ganze Geld dafür herkommen?«*
- *»Das wird mir alles zu viel!«*

Na, kommt Ihnen das bekannt vor? Hatten Sie jemals einen dieser Gedanken oder ähnliche? Solche Feuerlöscher richten ihren Löschstrahl genau auf unsere Ziele, unsere Mission und unsere Vision. Doch seien Sie beruhigt: Es ist ganz natürlich, dass solche Gedanken einmal aufkommen. Es sind unkontrollierte Gedanken. Wie aus dem Nichts sind sie plötzlich da. Typischerweise dann, wenn Veränderungen anstehen. Das heißt, wenn Sie eine größere Aufgabe beginnen oder den nächsten großen Schritt zur Verwirklichung Ihrer Vision angehen. Entscheidend ist, wie Sie mit den Gedanken umgehen: Geben Sie ihnen Raum oder nicht? Darin besteht Ihre Wahlfreiheit! Sie können sich über etwas den ganzen Tag ärgern – oder Sie können es lassen. Sie können sich die ganze Zeit Sorgen machen – oder Sie können es lassen.

Manchmal ist unser Kopf plötzlich voller Probleme. Der Autor Eckhart Tolle empfiehlt, sich dann selbst folgende Frage zu stellen: »Welches Problem hast du jetzt? Nicht in fünf Minuten, nicht in einer Stunde, nicht in ein paar Tagen, sondern – jetzt?«

Erinnern Sie sich an das »Erfolgsrad«? Aus Gedanken werden Gefühle, aus Gefühlen Worte, aus Worten Handlungen und aus Handlungen schließlich Ergebnisse. Über diese Ergebnisse machen wir uns Gedanken und setzen so das Rad erneut in Bewegung. Entweder in die positive oder in die negative Richtung. Es ist also wichtig, sich von unkontrollierten negativen Gedanken möglichst schnell wieder zu befreien. Das gelingt gut, wenn Sie sich einfach auf Ihre positive Zukunft konzentrieren. Oder sich Ihre Erfolge aus der Vergangenheit anschauen. Schauen Sie sich Ihre Aufzeichnungen zu Mission, Vision und Zielen nochmals an. Lesen Sie noch einmal die Beschreibungen Ihrer größten Erfolgserlebnisse. Machen Sie Mentaltraining und visualisieren Sie Ziele und Erfolge. Dann haben unkontrollierte Gedanken keine Chance.

Feuerlöscher zwei: Perfektionismus

Ich gebe es ja zu: Ich bin selbst ein ziemlicher Perfektionist! Für mich muss immer alles stimmen. Als junger Unternehmer hat mir diese Eigenschaft nicht nur geschadet. »Allgäuer Küchen« hatte schnell einen Ruf für Qualität bis ins letzte Detail. Aber oft bremst mich mein Perfektionismus auch. Ich schiebe eine Sache dann gerne auf, bis alle Voraussetzungen stimmen. Und das kann dauern! Anders als das Perfektionsstreben in Handwerk, Ingenieurwesen oder Kundenservice zählt ein solcher Perfektionismus zu den Feuerlöschern. Das Feuer Ihrer Begeisterung möchte sich ausdehnen – und endet dann immer dort, wo Ihnen die Voraussetzungen noch nicht gut genug sind. Kommt Ihnen das bekannt vor? Dann lassen Sie uns einen Blick auf die Gegenstrategien werfen.

Mit dem Unangenehmsten beginnen und dann Druck reduzieren

Von Brian Tracy gibt es ein Buch mit dem Titel »Eat that Frog«. Es spielt auf das amerikanische Sprichwort »Iss den Frosch« an, das besagt: Wenn man morgens als Erstes eine Kröte schluckt, kann man beruhigt durch den Tag gehen. Will heißen: Beginnen Sie immer mit dem Unangenehmsten! Das ist ein geniales Prinzip.

Auch bei diesem Feuerlöscher haben Sie alles selbst in der Hand. Ihr Perfektionismus ist nur ein Muster. Und ein Muster lässt sich verändern! Das Wichtigste ist immer der Anfang. Lernen Sie, zumindest am Anfang Kompromisse einzugehen. Perfektionieren können Sie die Dinge immer noch. Auch Rom ist nicht an einem Tag erbaut worden. Sagen Sie sich: »Besser fehlerhaft beginnen als perfekt zögern!« Machen Sie sich zur Angewohnheit, grundsätzlich den ersten Schritt zu gehen, sobald es einigermaßen vertretbar ist. Nach dem ersten Schritt sieht die Welt immer anders aus. Sie sind dann mitten drin statt außen vor.

Wenn Sie dann weitermachen: Nehmen Sie den Druck heraus! Teilen Sie Ihre Vorhaben in kleine Schritte auf. Sagen Sie sich: »Ich fange jetzt einfach mal damit an und danach sehe ich weiter.« Damit reduzieren Sie die Erwartungen an sich selbst, die ihnen den ganzen Perfektionismus überhaupt eingebrockt haben. Übrigens: Eine bekannte Regel besagt, dass die letzten 10 Prozent Perfektion oft so viel Aufwand bedeuten wie die ersten 90 Prozent. Fragen Sie sich also öfter mal: Wie perfekt muss es sein? Gut ist meistens gut genug.

Feuerlöscher drei: Ungeklärte Konflikte

Ich habe vitale, zupackende Menschen erlebt, die nach einer Scheidung völlig blockiert waren. Ihr inneres Feuer war wie erloschen. Sie schafften es einfach nicht, sich mit dem Ex-Partner auszusprechen und auszusöhnen. Manche hatten sogar panische Angst, dieser Person irgendwo zufällig zu begegnen. Ungeklärte Konflikte sind ein Feuerlöscher im XXL-Format! Dabei muss es nicht immer so dramatisch sein wie nach einer schwierigen Trennung. Es genügt bereits, dass Sie sich als Unternehmer über einen Mitarbeiter oder eine Mitarbeiterin ärgern und das klärende Gespräch immer wieder verschieben. Da nagt dann etwas an Ihnen. Eine Sache ist noch nicht bereinigt. Und da kann richtig die Luft rausgehen!

Klärende Gespräche sofort führen

Was Klärung von Konflikten angeht, bin ich auch nicht immer ein Vorbild gewesen. Ich kann zwar gut kämpfen, bin jedoch gleichzeitig harmoniebedürftig. Harmonieseligkeit und Konfliktscheuheit sind gefährlich! Manchmal muss es gewittern, damit die Sonne wieder scheinen kann. Sonst würde es immer bewölkt bleiben. Konflikte aktiv zu klären, lässt sich trainieren. Auch hier hilft das Prinzip »Iss den Frosch« von Brian Tracy: Gehen Sie Unangenehmes sofort an! Wenn es irgendwo einen Konflikt gibt, dann klären Sie diesen unverzüglich. Das Aufschieben lässt den Konflikt immer größer erscheinen. Manche Menschen neigen sogar dazu, endlose Gedankenketten über ihre Konfliktpartner zu bilden, die sich im persönlichen Gespräch sofort in Luft auflösen. Was für eine Energieverschwendung! Wenn Sie mit jemandem nicht sofort sprechen können, dann sagen Sie sich einfach: »Ich bin mal gespannt, was der andere dazu sagen wird.« Und dann vereinbaren Sie einen Gesprächstermin.

Feuerlöscher vier: Unwahrheiten

Vor vielen Jahren gab es in unserer Firma mal einen sehr begabten Verkäufer. Lediglich mit der Wahrheit nahm er es nicht so genau. Wenn ein Kunde anrief und fragte, wann er mit seinem Angebot rechnen könne, dann sagte dieser Verkäufer: »Ich sitze gerade schon dran!« In Wirklichkeit stapelten sich bei ihm fünf bis zehn Anfragen, denen er keine so großen Chancen einräumte. Und die Anfrage des Kunden am Telefon war auch darunter. Nun könnten Sie sagen: So kleine Unwahrheiten gehören doch im Vertrieb dazu. Einige Verkaufstrainer nennen das die »modifizierte Wahrheit«. Ich sage: Achtung, Feuerlöscher! Unwahrheiten belasten. Und auch viele kleine Unwahrheiten summieren sich zu einer großen Belastung. Sogar die beliebten Terminausreden!

Die Wahrheit spart ungeheuer viel Energie

Wollen Sie einen Beweis, dass Unwahrheiten belasten? Hier ist er: Ein sogenannter Lügendetektor ist nichts anderes als ein Instrument zur Messung von Stress. Wenn ein Mensch lügt, gerät sein Körper unter Stress. Je größer die Lüge, desto größer der Stress. Schwarzgeld, illegale Geschäfte, Schmiergelder im Einkauf und bei Behörden – alles das wird schnell zu einer Riesenbelastung. Von außerehelichen Affären ganz zu schweigen! Jemand hat etwas zu verbergen. Er könnte erwischt werden. Er muss vorsichtig sein. Seine Gedanken kreisen immer wieder darum … Denken Sie nur an die Filmmusik in Krimis. Das ist keine Entspannungsmusik. Nein, das ist Musik, die Ihre Nerven so richtig anspannt. Im Kino ist es vielleicht das, was Sie wollen. Aber als Dauerzustand?

Einmal war ich mit meiner Frau im Urlaub auf einer griechischen Insel. Wir mieteten bei einer kleinen Autovermietung ein Mini-Cabrio. Doch schon nach wenigen Kilometern drang Rauch aus der Motorhaube und das Auto blieb stehen. Große Aufregung, bis wir einen Ersatzwagen bekamen. Diesmal einen Renault. Doch auch dieses Auto gab nach kurzer Zeit den Geist auf. Ich war stocksauer. »Wartung« schien bei dieser Autovermietung ein Fremdwort zu sein! Mit dem dritten Wagen krachten wir dann beim Ausparken voll gegen eine Wand. Unsere Schuld! Wie einfach wäre es gewesen, auch für dieses Malheur den Vermieter verantwortlich zu machen oder sich zumindest furchtbar aufzuregen. Doch wir blieben ruhig und bei der Wahrheit. Der Autovermieter kam nicht mal aus seinem Büro, um sich den Schaden anzusehen: Wir hätten so viel Ärger gehabt – es sei schon okay. Er nehme das auf seine Kappe. So zahlt sich die Wahrheit immer wieder aus und sorgt für Entspannung und weniger Stress.

Feuerlöscher fünf: Der Gebrauch der Zunge

»Hüte deine Zunge, Bleichgesicht!« – Wer noch mit den Romanen von Karl May (oder deren Verfilmungen) groß geworden ist, der kennt diesen Spruch. Doch auch wenn das keine Weisheit der Indianer sein sollte, enthält dieser Satz viel Wahrheit. Unsere Zunge ist ein Organ, das wir hüten sollten! Kaum ein anderer Körperteil hat so viel Unheil auf der Welt angerichtet. Kommt Ihnen Folgendes bekannt vor? Nach einem Missgeschick sagen Sie spontan zu sich selbst: »Ich bin aber auch blöd!« Oder: »Was bin ich für ein Depp!« Achtung! Solche Äußerungen über sich selbst gelangen wie Tatsachen in das Unterbewusstsein. Auch Sätze wie »Ich bin einfach zu dumm« sind echte Feuerlöscher. Sie wirken wie negative Affirmationen und haben einen unmittelbaren Einfluss auf die Zukunft. Man spricht hier auch von »sich selbst erfüllen-

Sich selbst aufmuntern – statt sich selbst fertigmachen

den Prophezeiungen«. Sie erfüllen sich zur gegebenen Zeit. Schon in der Bibel heißt es (Jakobus 3, 2): »Denn wer seine Zunge beherrscht, der kann auch seinen ganzen Körper beherrschen.«

Hüten wir also unsere Zunge. Reden Sie sich gut zu, statt sich selbst fertigzumachen. Spenden Sie sich selbst Worte des Trostes, wenn Ihnen einmal etwas misslingt. Denken Sie immer daran: Dieses kleine Ding in Ihrem Mund kann ganz große Dinge bewirken. Früher hatte ich einmal ein Boot auf dem Bodensee. Immer war ich fasziniert, wie man mit einem kleinen Ruder ein so großes Boot steuern kann. Und genauso ist es mit der Zunge: Sie ist wie ein kleines Ruder, das unser Leben lenkt!

Erstickend! Die fremden Feuerlöscher

Glauben Sie jetzt immer noch, dass die größten Feuerlöscher »die anderen« sind? Oder ist es vielleicht eher umgekehrt und die größten Feuerlöscher sind in uns selbst? Wie dem auch sei: Feuerlöscher in Gestalt anderer Menschen gibt es leider auch. Und obwohl Sie immer als Erstes auf sich selbst aufpassen sollten, können Ihnen die fremden Feuerlöscher unter Umständen nicht minder gefährlich werden. Vielleicht haben Sie ja sogar während der Arbeit mit diesem Buch Bekanntschaft mit fremden Feuerlöschern gemacht. Beispielsweise so: Nachdem Sie jemandem erzählt haben, dass Sie gerade an Ihrer Mission und Vision arbeiten, kommt als Reaktion ein Satz wie: »So ein Quatsch!« Oder auch: »Das bringt nichts, das habe ich auch schon probiert.«

Menschliche Feuerlöscher können uns überall begegnen

Ja, so hört es sich an, wenn sie in voller Löschaktion sind, die Feuerlöscher! Gehen Sie diesen Feuerlöschern also bitte konsequent aus dem Weg, damit das Feuer der Begeisterung auf Dauer in Ihnen brennen kann. Damit Sie diese Feuerlöscher in Menschengestalt zuverlässig und möglichst früh erkennen, beschreibe ich im Folgenden die wichtigsten davon. Und ich muss Sie gleich warnen: Die Wahrscheinlichkeit, dass Sie einige solcher Feuerlöscher persönlich kennen, ist leider sehr groß. Aber Sie wissen ja jetzt schon, was im Notfall zu tun ist: Einfach ausweichen, wenn jemand den Strahl mit dem weißen Pulver auf Ihr inneres Feuer richtet!

Feuerlöscher sechs: Der Rundumschläger

Die Rundumschläger sind besonders prall gefüllte Feuerlöscher. Sie sind dermaßen voll mit Löschmittel und stehen derart unter Druck, dass es ständig nach allen Seiten aus ihnen herausspritzt. Die Rundumschläger dreschen permanent auf andere ein. Zwar meistens »nur« verbal, aber das ist ja gerade das Schlimme – siehe den Abschnitt über den Gebrauch der Zunge! Die Zunge der Rundumschläger ist keine Waffe, nein, sie ist eine ganze Rüstkammer, ein regelrechtes Waffenarsenal! Ständig finden die Rundumschläger eine Möglichkeit, andere mit Worten niederzumachen. Ganz besonders wohl fühlen sie sich deshalb in der Politik. So manche Fernsehtalkshow ist ein Stammtisch der Rundumschläger.

Lassen Sie sich nicht provozieren

Lassen Sie sich von Rundumschlägern keinesfalls provozieren. Das ist das Wichtigste. Bleiben Sie gelassen und behalten Sie Ihren Humor. Spielen Sie das Spiel einfach nicht mit. Dann wird der Rundumschläger sich schnell andere Opfer suchen. Versuchen Sie den Rundumschläger vielleicht auch ein wenig zu verstehen: Er hat einfach ein hohes Geltungsbedürfnis – oder auch ein niedriges Selbstwertgefühl, was ganz oft Hand in Hand geht. Er macht andere nieder, um sich selbst zu erhöhen. Sie haben das nicht nötig. Das wissen Sie, und deshalb brauchen Sie sich mit dem Rundumschläger auch nicht zu streiten.

Feuerlöscher sieben: Der Schneckenmacher

Der Schneckenmacher macht Sie ständig zur Schnecke. Mit dem Rundumschläger ist er eng verwandt. Er ist allerdings weniger darauf aus, nach allen Seiten auszuteilen. Vielmehr ist ihm wichtig, dass Sie sich in seiner Gegenwart klein und unterlegen fühlen. Dazu setzt er nicht nur seine Zunge ein. Nein, er bietet alles auf, was diesem Zweck dienen kann: Körpersprache, Kleidung, Stimme, Gestik, Mimik, Statussymbole und so weiter. So kommt es, dass der Schneckenmacher (männlich oder weiblich) einen manchmal schon durch seine Anwesenheit im selben Raum zur Schnecke macht!

Geben Sie mulmigen Gefühlen keinen Raum

Am besten hilft auch hier: gelassen bleiben und das Spiel nicht mitspielen. Bleiben Sie zentriert in Ihrer inneren Mitte und geben Sie dem mulmigen Gefühl, das der Schneckenmacher in Ihnen auslöst, keinen Raum. Wenn es Ihnen möglich ist, dann vermeiden Sie jeden Kontakt mit Schneckenmachern. Auch diese Menschen sind oft nicht sehr selbstbewusst und wollen sich auf Kosten anderer erhöhen.

Feuerlöscher acht: Der Negativist

Eine weitere Spezies aus der Artenfamilie der Rundumschläger und Schneckenmacher ist der Negativist. Wo der Rundumschläger wie mit der Machete durch den Urwald marschiert, da setzt der Negativist lieber Gift ein! Subtiler auch als der Schneckenmacher, aber dafür umso wirkungsvoller, macht er alles herunter. Er ist der Miesepeter vom Dienst, der ewige Nörgler. Nichts machen Sie ihm recht, an allem hat er etwas auszusetzen. Die Edelvariante des Negativisten schreibt Kritiken fürs Feuilleton der großen Zeitungen. Die gemeine Variante spielt sich besonders gern als freundschaftlicher Ratgeber auf. Ich hatte einmal einen Interessenten, der für das Franchisesystem von »olina Küchen« zunächst Feuer und Flamme war. Dann sprach er mit einigen freundschaftlichen Ratgebern – und seine Stimmung war im Keller. »Bloß nicht selbstständig machen!«, lautete der Rat der Negativisten. »Um Gottes willen! Gefahr, Gefahr, Gefahr!«

Hören Sie ab und zu einfach mal weg

Negativisten ignorieren Tatsachen übrigens konsequent. Die Zeiten sind immer schlecht. Wir haben grundsätzlich Wirtschaftskrise. Es kann nur weiter bergab gehen. Versuchen Sie deshalb nicht, mit Negativisten zu diskutieren. Dann bilden sie nur ihre »Ja-aber-Ketten« – auf jedes Ihrer Argumente sagt der Negativist: »Ja, aber …« Spüren Sie einfach, ob Sie es mit einem Negativisten zu tun haben. Es wird nämlich gleich fünf Grad kälter, wenn er oder sie den Raum betritt! Lernen Sie zu unterscheiden, ob jemand berechtigte Einwände hat oder aus einem zwanghaften Bedürfnis heraus grundsätzlich alles schwarzmalt. Und bei den Schwarzmalern schalten Sie dann einfach Ihr Gehör auf Durchzug.

Feuerlöscher neun: Der Kleinkarierte

Die Gattung des Kleinkarierten weist eine besondere Artenvielfalt auf. In unseren Breiten begegnet er hauptsächlich als Paragrafenreiter, Erbsenzähler und Groschenspalter. Besonders gerne siedeln sich die Angehörigen dieser Gattung rund um Unternehmen an. In Unternehmen herrscht ja oft Dynamik, Wachstum, Innovation! Paragrafenreiter, Erbsenzähler und Groschenspalter ernähren sich davon, diese Energie herauszunehmen. Irgendeine Vorschrift wird es doch geben, aus der hervorgeht, dass etwas nicht erlaubt ist. Irgendeine Rechnung wird sich doch wohl aufstellen lassen, die beweist, dass etwas sich niemals rentieren kann. Und irgendein Zweifel an Ihrem Businessplan lässt sich doch auch stets schüren, oder? Nehmen Sie Paragrafenreiter, Erbsenzähler und Groschenspalter einfach mit Humor. Diese Kleinkarierten umkreisen Ihr Unternehmen wie im Spätsommer die Wespen einen frisch duftenden Kuchen. Sehen Sie es einfach als Begleiterscheinung Ihrer Selbstständigkeit.

Behalten Sie immer Ihren Humor

Feuerlöscher zehn: Der Alleswisser

Was sieht er klein und harmlos aus, dieser Feuerlöscher! Nett und intelligent wirkt er. Er scheint Ihnen nichts Böses zu wollen. Und doch kann er Sie zur Weißglut bringen – oder besser: die innere Glut in Ihnen zum Erlöschen bringen. Schon in meinem ersten Küchenstudio hatte ich immer wieder Alleswisser als Kunden. Ich führte sie von Küche zu Küche, zeigte ihnen die raffiniertesten Details und hörte immer nur: »Hab ich schon mal gesehen, kenne ich schon« und so weiter. Stets führte ich die Leute dann zu einem ganz speziellen Brotkasten oder sonst einer Innovation, die es nur bei »Allgäuer Küchen« gab. Und auch da war die Reaktion natürlich: »Kenne ich schon …«

Hören Sie nur auf echte Experten

Versuchen Sie also nicht, den Alleswisser zu begeistern. Es wird Ihnen nicht gelingen. Er kennt alles schon, weiß alles schon, hat alles schon gesehen. Nehmen Sie das mit Humor und lassen Sie sich Ihre eigene Begeisterung nicht ausreden. Achtung: Seien Sie besonders vorsichtig, wenn Alleswisser sich als Experten präsentieren. Beispielsweise als Unternehmensberater. Echte Top-Experten kennen ihre Grenzen. Sie wissen, dass sie nicht alles wissen. Dafür kennen sie sich auf ihrem Gebiet hervorragend aus. Experten können Ihnen helfen. Alleswisser nicht.

In Deckung! Wenn Sie der Strahl trifft ...

Manchmal kann man Feuerlöschern nicht ganz aus dem Weg gehen. Am schlimmsten ist es natürlich, wenn Sie mit einem Feuerlöscher verheiratet sind. Doch gehen wir hier einmal von den weniger schwierigen Fällen aus. Trifft Sie bereits der Löschstrahl eines Feuerlöschers, besteht höchste Alarmstufe! Ihre Lebensenergie ist Gefahr. Reagieren Sie deshalb umgehend! Das Wichtigste sind dabei für mich immer Spaß und Humor. Bloß nicht ärgern! Auch nicht moralisieren und verurteilen! Nehmen Sie es sportlich. Sagen Sie sich: Aha, ein Feuerlöscher! Wollen wir doch mal sehen, wer hier gewinnt. Mit Humor gewinnen Sie fast immer.

Bloß nicht ärgern! Niemals!

Und wenn nicht? Dann ist es wichtig, sich abzugrenzen. Beziehen Sie klar Stellung. Verleugnen Sie sich nicht, lassen Sie sich nicht herunterziehen und nicht fertigmachen. Gewinnen Sie Abstand, beispielsweise indem Sie vorschlagen, ein Gespräch zu einem anderen Zeitpunkt fortzusetzen. Wenn es ganz schlimm kommt, dann sagen Sie auch einmal schlicht: »Ich bin anderer Meinung.« Punkt. Pause. Sie müssen sich gegenüber niemandem rechtfertigen. Sich selbst treu bleiben ist das beste Rezept, um Feuerlöschern aus dem Weg zu gehen. Und so oft werden Sie das gar nicht müssen, denn es gibt genug Menschen, die anders sind als die Zeitgenossen, die ich gerade aufgezählt habe. Nämlich zum Beispiel: Großherzige, Wohlwollende, Wissbegierige, Positive und Begeisterte! Deren Gemeinschaft tut uns gut. Diese Menschen bringen uns weiter. Und was es braucht, um sich selbst treu zu bleiben und ein begeistertes Leben zu leben, haben Sie sich in diesem Buch erarbeitet. Der folgende Kasten führt Ihnen alles noch einmal in Kurzform vor Augen. Ich nenne es das »Manifest für Begeisterte«. Auf dass Ihr inneres Feuer für immer brennen möge!

Manifest für Begeisterte

Begeisterte brauchen keine Motivation. Pflegen wir unser inneres Feuer!

Begeisterte haben Träume. Entfesseln wir unseren Geist und träumen wir groß!

Begeisterte kennen ihre vier wichtigsten Werte. Bleiben wir ihnen treu!

Begeisterte sind sich ihrer Talente bewusst. Bringen wir sie zur Wirkung!

Begeisterte vermehren ihre Energiespender und minimieren ihre Energieräuber. Seien wir voller Kraft!

Begeisterte wissen, wo ihre Turboknöpfe sind. Drücken wir sie immer, wenn wir sie brauchen!

Begeisterte haben klare Ziele. Sorgen wir dafür, dass wir sie erreichen!

Begeisterte haben eine Mission. Machen wir das Leben für andere Menschen lebenswerter!

Begeisterte haben eine Vision. Lassen wir Himmel und Erde sich berühren!

Begeisterte kennen die Kraft des Unterbewusstseins. Lassen wir uns von ihr tragen!

Begeisterte haben Tugenden. Leben wir sie jeden Tag!

Begeisterte gehen Feuerlöschern aus dem Weg. Behalten wir unseren Humor!

Begeisterte hören nicht mehr auf, ein begeistertes Leben zu führen.

Ihr Feedback

Wenn ich selbst ein Buch gelesen habe, frage ich mich oft: Kann ich dem Autor so ohne Weiteres meine Meinung schreiben? Ich möchte Sie ausdrücklich einladen, mir Feedback zu diesem Buch zu geben. Teilen Sie mir bitte insbesondere Ihre Erfahrungen mit den Übungen mit. Über Ihr Feedback freue ich mich ganz außerordentlich. Schreiben Sie mir!
E-Mail: wa@wolfgangallgaeuer.com

Wenn Sie meinen Vortrag über dieses Thema buchen möchten oder Interesse haben, an einem meiner Seminare teilzunehmen, freue ich mich ebenfalls über Ihre Kontaktaufnahme.
Bürokontakt:
Tel.: +43 5572 55875 Fax: +43 5572 55875 6
E-Mail: info@wolfgangallgaeuer.com

Mit dem Newsletter »FunkenSprung« holen Sie sich regelmäßig zündende Ideen für Ihren Erfolg durch Begeisterung. Melden Sie sich einfach auf meiner Website an:
www.wolfgangallgaeuer.com

Anhang A: Werteliste

Abenteuer
Achtung
Aktivität
Alleinsein
Anerkennung
Akzeptanz
Arbeit
Auffassungsgabe
Ausgeglichenheit
Autonomie
Aussehen
Begeisterung
Behaglichkeit
Bekanntheit
Bequemlichkeit
Bescheidenheit
Bewegung
Bildung
Bessersein
Beziehungen
Charisma
Dankbarkeit
Dazugehören
Demokratie
Dienen
Distanz
Disziplin
Edelmut
Ehre
Ehrlichkeit
Eigenverantwortung
Eigentum
Einfachheit
Einfluss
Entspannung
Entschlossenheit
Entwicklung
Erfolg
Erleben
Ernährung
Erotik
Ethik
Exzellenz
Fantasie
Fairness
Familie
Figur
finanzieller Gewinn
Fleiß
Freiheit Freude
Freundlichkeit
Freundschaft
Frieden
Führung
Fürsorglichkeit
Ganzheitlichkeit
Gastlichkeit
Geborgenheit
Gefühle
Gelassenheit
Geld
Gemeinschaft
Gemütlichkeit
Genuss
Gerechtigkeit
Geschmack
Geselligkeit
Gesundheit
Glaube
Gleichheit
Gleichberechtigung
Glück
Harmonie
Heiterkeit
Herausforderung
Herkunft
Hilfsbereitschaft
Hingabe
Hoffnung
Höflichkeit
Humor
Identität
Individualismus
Information
Integrität
Intimsphäre
Intuition
Jungfräulichkeit
Kameradschaft
Karriere
Kinder
Klugheit
Komfort
Kompetenz
Kontaktfähigkeit
Kontrolle
Korrektheit
Kreativität
Kultiviertheit
Kunst
Lässigkeit
Lebensfreude
Lebenskraft
Lebensstandard
Leistung
Liebe
Loyalität
Lust
Luxus
Macht
Meditation
Menschlichkeit
Mitgefühl
Moral
Musik
Mut
Nachdenklichkeit
Nächstenliebe
Natur
Nähe
Neugier
Nützlichkeit
Objektivität
Offenheit
Optimismus
Ordnung
Partnerschaft
Persönlichkeit
Pflichtbewusstsein
Politik
Positive Einstellung
Pünktlichkeit
Qualität
Rache
Rechtmäßigkeit
Redegewandtheit
Reichtum
Reisen
Religion
Respekt
Romantik
Ruf
Ruhe
Ruhm
Sachkenntnis
Sauberkeit
Schönheit
Selbstgenügsamkeit
Selbstverwirklichung
Selbstwert
Sexualität
Sicherheit
Sinn
Solidarität
Spannung
Sparsamkeit
Spaß
Spiritualität
Spontaneität
Sport
Standort
Stärke
Status
Tapferkeit
Tatkraft
Toleranz
Träume
Treue
Überleben
Umweltbewusstsein
Unabhängigkeit
Vaterland
Verantwortung
Vergnügen
Vernunft
Verständnis
Vertrauen
Vollkommenheit
Wachstum
Wahrheit
Wechsel
Weisheit
Weitblick
Wettbewerb
Wissen
Wohlstand
Würde
Zärtlichkeit
Zeitersparnis
Zeitlosigkeit
Zielbewusstsein
Zufriedenheit
Zugehörigkeit
Zuverlässigkeit

Anhang B: Talenteliste

aktive Mitarbeit
Alphatier
andere zum Lachen bringen
auf Wesentliches reduzieren
aufmuntern können
ausdauernd sein
ausgeglichen sein
authentisch
backen
Begeisterungsfähigkeit
beharrlich
Belastbarkeit
beruhigen
Bescheidenheit
Bildhauerei
Bindungsfähigkeit
Dankbarkeit
dekorieren
diplomatisch
dranbleiben
Durchhaltevermögen
Durchsetzungsvermögen
Eigenmotivation
ein guter Zuhörer sein
ein Musikinstrument spielen
einfühlsam sein
Empathie
Engagement
Enthusiasmus
entscheidungsfreudig
entspannen
fleißig
flexibel
Fotografieren
freuen
Freundlichkeit
Führungsfähigkeit
Gartenbau
Geduld
genießen
Geschichten erzählen
glauben
das Gute in anderen sehen
gutes Gedächtnis
handwerklich geschickt
hart bleiben
herzlich
hilfsbereit
Hoffnung
Humor
ideenreich
Improvisation
in anderen Vertrauen wecken
Intelligenz
intuitiv
kämpfen
Karikaturen zeichnen
Keramikarbeiten
kochen
kommunikationsfähig
Kontaktfähigkeit
kreativ schreiben
Kreativität
Kritikfähigkeit
lachen
lernen
lesen
Liebe zu anderen
Liebe zu lernen
Lieder komponieren
lösungsorientiert
Make-up-Artist
Malen
Matheolympiadeteilnehmer
merken
mitreißen
musizieren
Mut machen
mutig sein
nachforschen
nähen
Neugier
Objektivität
Optimismus
Organisationstalent
organisieren
Praxis orientieren
Querdenken
räumliches Denken
reden
reisen
Riecher haben
Schachspieler
schauspielerisches Können
schneidern
schnell arbeiten können
schnell rechnen
schnell vergebungsbereit sein
schnelle Auffassungsgabe
schnitzen
schreiben
Selbstständigkeit
Selbstbeherrschung
Selbstregulation
sensibel
singen
Sinn für das Schöne
Sinn für Humor
soziale Intelligenz
Sorgfalt
Spaß haben
Spiritualität
sportlich
starkes Zeugnis
Störungen beseitigen
strukturiertes Arbeiten
talentfrei sein
tanzen
Tapferkeit
Teamfähigkeit
Textverständnis
tolerant
träumen
über sich selbst lachen können
Überzeugungskraft
Urlaub machen
Urteilsvermögen
Verantwortungsbewusstsein
Vergebungsbereitschaft
Verkaufstalent
verstehen
verzeihen
vorausdenken
Vorsicht
vortragen
Wahrnehmung
weben
Weisheit
wirtschaften können
zeichnen
Zeit nehmen für andere
zielen können
zielorientiert arbeiten
zuhören können
Zukunft sehen
zuverlässig

Anhang C: Motivatoren

		schwach										stark
Nr.		0	1	2	3	4	5	6	7	8	9	10
1	Gute Vorbereitung											
2	Äußere Faktoren *(Zuschauer, Wetter, Stadion …)*											
3	Das Vorbild anderer Menschen											
4	Zukunftsperspektive											
5	Die Lust, selbst in Aktion zu sein											
6	Wettbewerb *(mit sich oder anderen)*											
7	Vergangenheit *(Erfolge oder Misserfolge)*											
8	Sinn und Wert											
9	Flow während der Aufgabe											
10	alleine arbeiten können											
11	im Team arbeiten *(etwas gemeinsam tun)*											
12	Anerkennung, eigene und fremde *(Lob, Bewunderung, Begeisterung)*											
13	Herausforderung *(»Das schafft der nie«, Einmaligkeit: »Jetzt erst recht!«)*											
14	Große Aufgabe											
15	Notsituation											
16												

Anhang D: Verbenliste

abschließen
annehmen
arbeiten
aufbauen
auffordern
aufklären
aufnehmen
aufrufen
aufsteigen
ausdrücken
ausführen
ausstatten
auswählen
auszeichnen
befehlen
begeistern
beginnen
bekräftigen
beleben
beratschlagen
berichten
berühren
besitzen
besorgen
bestätigen
betrachten
bewahren
bewegen
bewerten
bewirken
darstellen
dienen
diskutieren
einschätzen
entdecken
entscheiden
entspannen
entwerfen
entwickeln
erfinden
erforschen
erfreuen
erinnern
erkennen
erleichtern
ermutigen
erneuern
erreichen
erschaffen
erweitern
erwidern
erziehen
erzwingen
fahren
finanzieren
fordern
formen
formulieren
fortsetzen
freisetzen
führen
geben
gestalten
gewähren
glauben
halten
handeln
heilen
helfen
improvisieren
inspirieren
integrieren
kombinieren
kommunizieren
konkurrieren
konstruieren
Kontakt aufnehmen
kultivieren
leben
leiten
lieben
loben
meistern
mildern
mitwirken
nachdenken
nachgeben
nehmen
offenbaren
opfern
organisieren
pflegen
planen
präsentieren
produzieren
reduzieren
reflektieren
reformieren
reifen
reisen
respektieren
retten
riskieren
sammeln
schreiben
schützen
sich bemühen
sichern
spielen
sprechen
teilen
teilnehmen
träumen
tun
überarbeiten
überbringen
übergeben
überreden
übersetzen
unterhalten
unterstützen
verbessern
verbinden
verehren
vereinigen
vergrößern
verhandeln
verkaufen
vermitteln
versorgen
versprechen
verstehen
verteidigen
verteilen
vertrauen
verursachen
verwenden
verwerten
verzeihen
vollenden
vorantreiben
vorbereiten
wählen
weiterführen
wiederherstellen
wissen
zufriedenstellen
zusammenarbeiten
zusammenstellen
veranschaulichen

Anhang E: Affirmationen

Persönlichkeitsentfaltung – Ich

Ich liebe das Leben, die Mitmenschen und mich.
Ich liebe die Welt, und die Welt liebt mich.
Ich bin bereit, glücklich und erfolgreich zu sein.
Ich habe alle Liebe, die ich brauche.
Ich bin auf Erfolgskurs. Ich bin kraftvoll.
Ich mag mich, so wie ich bin.
Ich bin entspannt und in meiner Mitte.
Alles, was ich brauche, ist schon in mir.
Ich bin der Meister meines Lebens.
Ich bin voll unbegrenzter Energie.
Ich bin erfüllt von Lebenskraft.
Ich bin dankbar.
Ich bin gut gelaunt.
Es ist schön zu leben.
Ich handle groß.
Mir geht es immer besser.
Ich strahle vor Gesundheit.
Ich bin voll Begeisterung.
Ich brauche nichts festzuhalten.
Ich bete, denke, glaube groß.
Ich liebe mich so, wie ich bin.
Ich werde jeden Tag attraktiver.
Ich bin kontaktfähig.
Ich bin vital.
Ich bin fröhlich.
Ich habe mich gern.
Ich kann es.
Ich liebe das Leben.
Ich liebe die Menschen.
Ich habe Fähigkeiten.
Ich bin glücklich.
Ich glaube an mich.
Ich bin ein dynamischer und schöpferischer Mensch.
Ich fühle mich fantastisch, wenn ich unter Menschen bin.
Das Leben macht mir Spaß, und ich genieße es jetzt in vollen Zügen.
Mir geht es jeden Tag besser. Ich kann auch andere lieben.

Gott – Spiritualität – Übersinnliches

Ich stehe immer unter Gottes Führung.
Das Universum zeigt mir jetzt den Weg.
Wunder treten in mein Leben ein.
Das Licht Gottes umgibt mich.
Göttliche Vollkommenheit ist in mir.
Als ein Kind Gottes glaube ich an mich.
Was mir zusteht, kommt jetzt zu mir.
Göttliche Liebe ist in mir wirksam.
Der göttliche Funke ist in mir.
Gott ist reich, und es ist genug für uns alle da.
Ich bin bereit, alle Segnungen Gottes zu empfangen.
Ich glaube, dass dies ein Glück bringender Tag ist.
Das Universum ist reich, und es ist genug für uns alle da.
Gott führt mich und hilft mir Tag für Tag.
Göttliche Liebe erfüllt mich.
Gott wohnt in mir.
Ich bin ein offener Kanal, durch den schöpferische Energie fließt.
Ich wurde von Gott erschaffen, der noch nie etwas schlecht gemacht hat.
Göttliche Liebe wirkt jetzt durch mich und schenkt mir eine ideale Beziehung mit.
Gott ist eine unerschöpfliche, unversiegbare Quelle, die mich mit allem versorgt, was ich brauche.
Göttliche Liebe durchströmt mich und überträgt sich auf meine Umgebung.

Gesundheit – Wohlergehen – Arbeit – Beziehungen

Ich nehme das Gute in mir an.
Wir haben eine wunderbare Beziehung.
Ich bin jetzt erfolgreich und glücklich.
Ich bin froh, dass ich geboren wurde.
Ich verdiene Liebe und sexuelle Lust.
Ich mache gerne Dinge, die mir gut tun.
Ich bin im Inneren und im Äußeren reich.
Überfluss gehört zu meiner innersten Natur.
Ich bin reich, glücklich und fühle mich wohl.
Ich fühle mich körperlich und geistig wohl.
Ich strotze vor Gesundheit.
Je mehr ich gebe, desto mehr bekomme ich.
Ich sage Danke für mein Leben voller Gesundheit und Reichtum.
Je erfolgreicher ich bin, desto mehr kann ich andere daran teilhaben lassen.
Ich mache meine Arbeit gern und werde reichlich entlohnt.
Ich bin gut zu meinem Körper, und mein Körper ist gut zu mir.
Ich verdiene das Beste, und das Beste ist jetzt schon für mich da.
Ich bin nun bereit, Freude und Glück in meinem Leben anzunehmen.
Ich habe jetzt mehr als genug Geld für meinen persönlichen Bedarf.
Ich fühle mich jetzt in allen meinen Beziehungen glücklich.
Ich habe jetzt genau die Art von Beziehung, die ich will.
Ich habe nun eine ideale, befriedigende und gut bezahlte Arbeit.
Ich liebe meinen Körper und nehme ihn voll und ganz an.
Ich werde jeden Tag wohlhabender.
Ich habe viel Energie und bin voller Lebenslust.
Ich verdiene es, erfolgreich und glücklich zu sein.
Je mehr ich bekomme, desto mehr kann ich geben.
Ich genieße jetzt großen finanziellen Wohlstand.
Danke. Ich verdiene das Allerbeste im Leben.
Ich fühle jetzt tiefen inneren Frieden und Heiterkeit.
Ich spüre Kraft und Liebe in meinen Beziehungen.
Ich nehme all meine Gefühle als Teil meiner selbst an.
Ich habe finanziellen Erfolg.
Ich bin reich in allem.

Literaturverzeichnis

Ackermann, Andreas: Easy zum Ziel. Wie man zum mentalen Gewinner wird. Erd Verlag, 2004

Berschneider, Werner: Sinnzentrierte Unternehmensführung. Was Viktor E. Frankl den Führungskräften der Wirtschaft zu sagen hat. Orthaus Verlag, 2003

Betschart, Martin: Ressourcing. So aktivieren Sie Ihre Fähigkeiten. Midas Verlag, 2001

Cerny, Thomas: Talente nutzen – erfolgreich sein. Profitieren Sie von Ihrem Potenzial. Hanser Verlag, 2002

Christiani, Alexander: Weck den Sieger in dir! In 7 Schritten zu dauerhafter Selbstmotivation. Gabler Verlag, 2000

Czwalina, Johannes: »Wenn ich noch mal anfangen könnte …« Menschen erzählen. Brendow Verlag, 2006

Eisele, Elmar: Life Management. Vom Verwalter zum Gestalter Ihres Lebens. Bucher Verlag, 2003

Fasching, Wolfgang: Du schaffst, was du willst! Colorama Verlag, 2010

Fournier, Cay von: Charisma. Das Geheimnis erfolgreicher Persönlichkeiten. Schmidt Verlag, 2000

Fournier, Cay von: Die 10 Gebote für ein gesundes Unternehmen. Wie Sie langfristigen Erfolg schaffen. Aktualisierte Neuausgabe. Campus Verlag, 2010

Friedrich, Kerstin/Malik, Fredmund/Seiwert, Lothar J: Das große 1x1 der Erfolgsstrategie. EKS® – Erfolg durch Spezialisierung. Gabal Verlag, 2009

Hill, Napoleon: Denke nach und werde reich. Die Erfolgsgesetze. Neuausgabe. Ariston Verlag, 2005

Innauer, Toni: Am Puls des Erfolgs. CSV Verlag, 2010

Izzo, John: Die fünf Geheimnisse, die Sie entdecken sollten, bevor Sie sterben. Goldmann Verlag, 2010

Jones, Laurie Beth: Mission Statement. Vom Lebenstraum zum Traumleben. Signum Verlag, 1998

Knoblauch, Jörg: Die Chef-Falle. Wovor Führungskräfte sich in Acht nehmen müssen. Campus Verlag, 2013

Murphy, Joseph: Die Macht Ihres Unterbewusstseins. Überarbeitete Neuausgabe. Ariston Verlag, 2009

Pizzecco, Toni: Mut machen oder mies machen? Die Kunst des Denkens. Athesia Spectrum Verlag, 2005

Seemann, Silke: Umsetzungskompetenz stärken: Die MotivatorenAnalyse®, die ideale Ergänzung zum MBTI und anderen Instrumenten, in: Kommunikation und Entwicklung (Zeitschrift) Nr. 9, 11/2003

Tracy, Brian: Das Gewinner-Prinzip. Wege zur Persönlichen Spitzenleistung. Neuausgabe. Gabler Verlag, 2013

Lektüreempfehlungen

Neben den genannten Quellen für dieses Buch gibt es weitere Bücher und Autoren, die mich inspiriert haben und die ich Ihnen gerne zur weiterführenden Lektüre empfehle. Neben den unten aufgeführten Büchern empfehle ich Ihnen auch die Audioproduktionen aus dem Schweizer Rusch Verlag (www.rusch.ch). Strategisch habe ich in meinen Firmen die EKS-Strategie nach Wolfgang Mewes angewendet. Auch diese kann ich anderen Unternehmern nur empfehlen.

Hier einige weitere lesenswerte Bücher:

Albom, Mitch: Dienstags bei Morrie. Die Lehre eines Lebens. Neuausgabe. Goldmann Verlag, 2002

Bach, Richard: Die Möwe Jonathan. Neuausgabe. Ullstein Verlag, 1995

Bettger, Frank: Lebe begeistert und gewinne! Das Erfolgsbuch für Verkäufer. Neuausgabe. Oesch Verlag, 2011

Carnegie, Dale: Wie man Freunde gewinnt. Die Kunst, beliebt und einflussreich zu werden. Neuausgabe. Fischer Verlag, 2011

Gay, Friedbert: Das persolog® Persönlichkeits-Profil. Persönliche Stärke ist kein Zufall. Gabal Verlag, 2003

Höller Jürgen: Sprenge deine Grenzen. Econ Verlag, 1999

Frankl, Viktor E. ... trotzdem Ja zum Leben sagen. Ein Psychologe erlebt das Konzentrationslager. Neuausgabe. Kösel Verlag, 2009

Gawain, Shakti: Stell dir vor. Kreativ visualisieren. Rowohlt Verlag, 2004

Peale, Norman Vincent: Die Kraft positiven Denkens. Neuausgabe. Oesch Verlag, 2011

Lundin, Stephen C. Christensen, John/Paul, Harry: Fish! Ein ungewöhnliches Motivationsbuch. Goldmann Verlag, 2003

Schäfer, Bodo: Der Weg zur finanziellen Freiheit. dtv Verlag, 2003

Tracy, Brian: Thinking Big. Von der Vision zum Erfolg. Gabal Verlag, 1998

Dank

Mein herzliches Dankeschön geht zunächst an einige Menschen, die mich in meinem Leben auf eine besondere Art und Weise begleitet und beeinflusst haben. Sie haben wesentlich zum Inhalt und zum Entstehen dieses Buchs beigetragen.

Man sagt ja, hinter jedem erfolgreichen Mann steht eine starke Frau. Bei mir waren es gleich vier Frauen: Zuerst meine Mutter, *Lore Allgäuer.* Von ihr habe ich besonders Humor, eine Kämpferseele, Ausdauer und den Willen zum Sieg geerbt. Sie hat dafür gesorgt, dass bei uns zu Hause der Laden lief.

Dann meine Frau *Doris Allgäuer.* Im Kinderhort mit 5 Jahren das erste Mal gesehen und nun seit fast 60 Jahren meine ganz große Liebe. Sie hält mir immer noch den Rücken frei und geht die vielen abenteuerlichen Wege mit mir.

Nummer drei und vier sind meine zwei Töchter, *Eva und Karin.* Sie kamen im Doppelpack als Sonnenschein in mein Leben. Ihr seid für mich nicht nur meine Kinder, sondern auch tolle Kameradinnen und Kommunikationspartnerinnen. Mehr wert als alles Gold dieser Erde.

Meinem Lehrmeister *Franz Hugl* möchte ich danken. Für mich ein echtes Vorbild und ein wichtiger Halt in meiner Lehrzeit. Von ihm habe ich besonders die Werte Fleiß, Genauigkeit, Verlässlichkeit und Wertschätzung mitbekommen. Er war für meine berufliche Laufbahn richtungsweisend.

Dann sind da viele Tausende von Küchenkunden, die mir mit »Allgäuer Küchen« und »olina« das Vertrauen geschenkt haben. Besonders viel habe ich auch von meinen Franchisenehmern gelernt, mit denen ich mehr als nur eine Geschäftsbeziehung haben durfte. Wir sind Freunde geworden.

Danken möchte ich außerdem meinem Buchcoach *Jörg Achim Zoll.* Angefangen vom ersten gemeinsamen Workshop hat er mich in allen Phasen des Bücherschreibens begleitet – beim Konzept, beim Exposé, beim Text und bei der Auswahl eines geeigneten Verlags war er ein kompetenter Partner. Ohne ihn wäre dieses Buch nicht halb so gut geworden.

Mein Dank geht auch an den *Orell Füssli Verlag,* der mein Exposé sofort ohne Wenn und Aber angenommen hat.

Zu guter Letzt danke ich Ihnen, verehrte Leserinnen und Leser. Mit dem Kauf dieses Buchs haben Sie zur Verbreitung wertvoller Ideen beigetragen. Beim zweiten und dritten Mal lesen wird ihnen immer wieder neues aufgehen.

Der Autor

Wolfgang Allgäuer (geboren 1950) ist Trainer für Begeisterung und Unternehmenserfolg. Nach einer Tischlerlehre sowie mehreren Jahren Vertriebserfahrung im Holzhandel gründete der Vorarlberger mit 26 Jahren das Unternehmen »Allgäuer Küchen« und 1997 mit »olina« eine der ersten Franchise-Marken für Küchen. 2002 erhielt er einen österreichischen »Unternehmens-Oscar« unter anderem für die beispielhafte Kooperation seiner Franchise-Kette mit kleinen Handwerksbetrieben. Seit seinem Rückzug aus dem operativen Geschäft im Jahr 2010 gibt Wolfgang Allgäuer die Geheimnisse von Begeisterung und unternehmerischem Erfolg in Seminaren und Vorträgen weiter. Mit seiner bodenständigen, humorvollen und gleichzeitig fundierten Art bewegt er jüngere Unternehmer und Selbstständige sowie Führungskräfte im Mittelstand.

www.wolfgangallgaeuer.com